すいすい Photoshop レッスン

1日少しずつはじめて
プロの技術を身に付ける！

角田 綾佳［著］

Sky & Sea Garden

マイナビ

本書のサポートサイト

本書のサンプルファイル、補足情報、訂正情報を掲載してあります。

https://book.mynavi.jp/supportsite/detail/9784839979027.
html

- 本書は Adobe Photoshop 2023 を使用して解説しています。
  他のバージョンを使用している場合は、操作画面や操作が本書の解説と異なる場合がございます。ご了承ください。また、本書はMac と Windows にて検証を行いましたが、書籍内の解説と画面写真の取得には Mac を使用しております。

- 本書は 2023 年 4 月段階での情報に基づいて執筆されています。
  本書に登場する製品やソフトウェア、サービスのバージョン、画面、機能、URL、製品のスペックなどの情報は、すべてその原稿執筆時点でのものです。
  執筆以降に変更されている可能性がありますので、ご了承ください。

- 本書に記載された内容は、情報の提供のみを目的としております。
  したがって、本書を用いての運用はすべてお客様自身の責任と判断において行ってください。

- 本書の制作にあたっては正確な記述につとめましたが、著者や出版社のいずれも、本書の内容に関してなんらかの保証をするものではなく、内容に関するいかなる運用結果についてもいっさいの責任を負いません。あらかじめご了承ください。

- 本書中の会社名や商品名は、該当する各社の商標または登録商標です。

- Adobe、Photoshop は、Adobe Systems Incorporated（アドビシステムズ社）の米国およびその他の国における商標または登録商標です。

- そのほか、本書中の会社名や商品名は、該当する各社の商標または登録商標です。本書中では ™ および ® マークは省略させていただいております。

はじめに

『すいすい Photoshop レッスン』を手に取っていただきありがとうございます。

この本はPhotoshop初心者や、使い方は知っているけれど使いこなせていないと考えている方、特にPhotoshopを使って写真の補正や、バナーやサムネールなどのデザインを作りたいと考えている方に向けて作りました。

Photoshopはとても高機能なアプリケーションです。ただし、考えようによっては、「写真やデザインを構成するピクセルを操作する」単純なアプリケーションでもあります。Photoshopを使ったデザイン制作において難しいのは、実は「機能の使い方」ではなく、「一番よいやり方を知ること」です。Photoshopにはさまざまな機能があるため、同じ結果にたどり着くための手段がいくつもあり、どれか1つだけが正解ということもありません。

この本では、仕事でPhotoshopを使うことを想定し、「再編集しやすい」「試行錯誤しやすい」ということを1つの正解として考えて構成しました。写真の補正やデザインは「Photoshopを使える」だけではうまくいきません。しかし、頭の中にあるイメージを具現化できる技術がなければ、デザインを世に出すことはできません。

この本でPhohoshopに触れる人が、Photoshopを好きになり、作ることを楽しいと思ってくれたらとても嬉しく思います。

2023年4月　角田 綾佳

もくじ

初級
BEGINNER

中級
INTERMEDIATE

上級
ADVANCED

●特典PDFについて
本書に掲載できなかった機能の解説を「補講」として特典PDFで
用意しています。詳しくは、36ページ、172ページ、236ページの
補講についてをご確認ください。

本書の読み方

本書はPhotoshopの機能と使い方を、主に課題を制作しながら身に付けていく解説書です。Photoshopを使いこなすために必要な知識を5つのLEVELに分け、それぞれのLEVELで覚えるべきPhotoshopの機能を紹介しています。

本書の基本構成

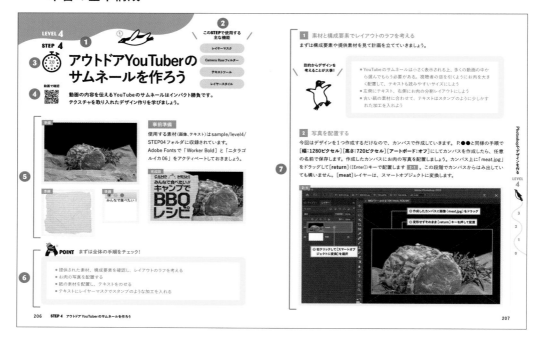

❶ このSTEPで解説するテーマを表示しています

❷ このSTEPで使用する主な機能やパネルを表示しています

❸ このSTEPの課題を完了するまでの目安時間を表示しています

❹ 操作動画がある場合、QRコードを掲載しています。手順の流れなどを確認したり、操作のわからない部分を確認するのに便利です

❺ 課題の完成図と使用する素材を表示しています

❻ 操作の豆知識や、知っておくと便利な機能をTIPSやコラム形式で表示しています

❼ 課題の完成まで、使用するツールや操作を手順ごとにていねいに解説しています

また、本書はMacとWindowsにて検証を行いましたが、書籍内の解説と画面写真の取得にはMacを使用しております。

初級
BEGINNER

LEVEL
0

Photoshopの準備

ここでは、Photoshopの起動から、新規ドキュメントの作成と保存、ワークスペースの見方など、Photoshopがはじめての人に知ってほしいことをまとめました。この先の作例を作るときに必要な環境設定の変更についても説明しています。

STEP 1

Photoshopを起動しよう

Photoshopでデザインをはじめる前に、まずPhotoshopを
起動する方法を学びましょう。

1 インストールしたPhotoshopを立ち上げる

アドビのウェブサイトからPhotoshopをインストールしたら、Photoshopを起動してみましょう。

Macの場合

Finderのサイドバーから[**アプリケーション**]を選択し、使用するバージョンのフォルダの中にある
Photoshopアイコンをダブルクリックします **1・1** **1・2** 。

Photoshopが起動した

TIPS

Photoshopをインストール後、はじめて起動するときはAdobe IDのログインが必要です。インストールする
際に作成したIDとパスワードでログインしてください。

Windows の場合

Creative Cloud をインストールして作成されたデスクトップのショートカットから「Creative Cloud」をクリックして立ち上げます  1·3 。

アプリのウィンドウの左上にある[**アプリ**]を選択すると、現在インストールされているアドビのアプリケーションが一覧で表示されます。Photoshop 右側にある[**開く**]ボタンを押して起動します 1·4 。

COLUMN　Creative Cloud デスクトップアプリとは?

Creative Cloud デスクトップアプリは、アドビ製品のインストールやアップデートなどの管理を行うアプリケーションで、Photoshop をインストールするときに同時にインストールされます。Photoshop のアップデートの他、他のアドビ製品のインストール、Adobe Fonts からアクティベートしたフォントや CC ライブラリに登録したアセットなどの管理もデスクトップアプリから行えます（常に立ち上げている必要はありません）。

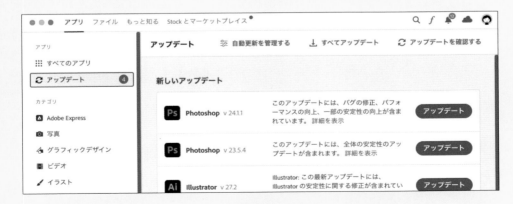

STEP 2

ドキュメントを 作成・保存しよう

目的に合わせた新規ドキュメントを作成して、名前をつけて
ファイルとして保存してみましょう。

1 新規ドキュメントを作成する

Photoshopを起動したホーム画面左上の[**新規ファイル**]ボタンをクリック **1・1** 、または
[**command**]（[Ctrl]）+[**N**]キーを押すと、「新規ドキュメント」ダイアログが開きます **1・2** 。

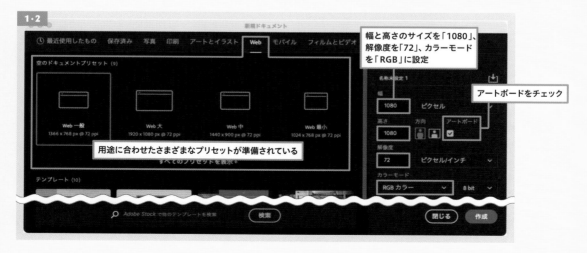

幅と高さのサイズを「1080」、
解像度を「72」、カラーモード
を「RGB」に設定

アートボードをチェック

用途に合わせたさまざまなプリセットが準備されている

今回は正方形のバナーを作成すると仮定して、高さと幅が「1080ピクセル」のアートボードを作ります。ダイアログ上部の[**Web**]→[**Web一般**]を選び、右横のプリセットの詳細画面を変更して[**作成**]ボタンを押しましょう 1・2 。白い正方形のアートボードが作成されました 1・3 。

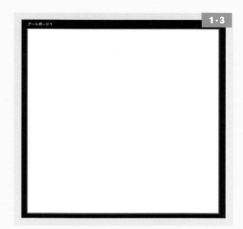

COLUMN

今回選択した［Web］以外にも、モニタサイズの「1366×768」や、印刷物のA4サイズなど、よく使用される定型サイズがドキュメントプリセットとして用意されています。

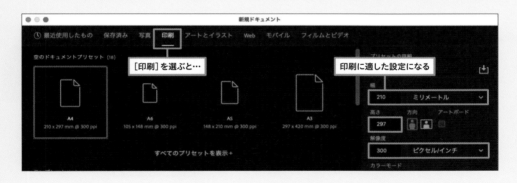

2 作成したドキュメントをパソコンに保存する

デザイン制作をする前に名前をつけて保存しましょう。メニューバーの[**ファイル**]→[**別名で保存**]を選択します 2・1 。このとき[**Creative Cloud に保存**]というダイアログが現れることがあります。これはユーザーのパソコンの中ではなく、[**Creative Cloud**]というクラウド領域に保存するための画面です。今回はユーザーのパソコンの中に保存したいので、左下の[**コンピューター**]をクリックします 2・2 。

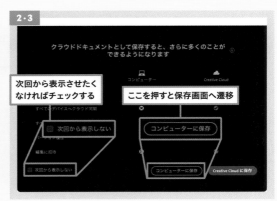

[**Creative Cloud**]に保存するメリットを説明するダイアログに切り替わったら、中央下にある[**コンピューターに保存**]をクリックしましょう。左下の[**再表示しない**]にチェックを入れると、次回からは表示されません 2・3 。

ファイル名を決めて保存します。[**ファイル名**][**保存する場所**][**フォーマット**]を決めて、[**保存**]を押します 2・4 。指定した場所にファイルが作成されていたらOKです 2・5 。

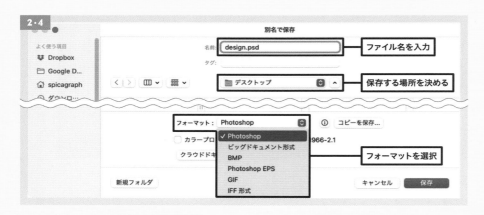

design.psd

COLUMN　Photoshopデータの保存形式

Photoshopのデータを保存できるフォーマットは[Photoshop（.psd）]と[ビッグドキュメント（.psb）]です。[.psd]がデフォルトのフォーマットですが、「画像サイズの縦、または横が30000px以上」「容量が2GB以上」の場合は[ビッグドキュメント（.psb）]でしか保存することができません。それほど大きな画像を扱うことはまれなので[.psd]で保存して制作を進め、サイズが大きくなったときに[.psb]で保存し直すとよいでしょう。

3 作成したドキュメントを［Creative Cloud］に保存する

今度は［**Creative Cloud**］に保存してみましょう。 2·1 を参考に別名で保存で進め、 3·1 左下
にある［**クラウドドキュメントに保存**］をクリックすると 2·2 と同じダイアログが表示されます。
ここでファイル名を入力して［**保存**］を選択します。

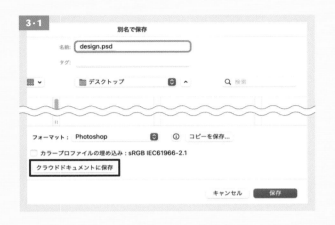

TIPS
［Creative Cloud］へ保存しておく
と、Adobe ID でログインすれば、
どのパソコンからでもファイルを開
くことができ、バージョン管理など
の恩恵を受けることができます。ま
た、iPad 版の Photoshop で作成し
たファイルのやりとりも便利になり
ます。

4 保存したファイルを確認する

Photoshop を起動した画面の［**自分のファイル**］の中 4·1 、または［**ファイル**］メニュー→［**開く...**］
4·2 →［**Creative Cloud から開く**］ 4·3 で、指定した名前のファイルが保存されていれば OK です。

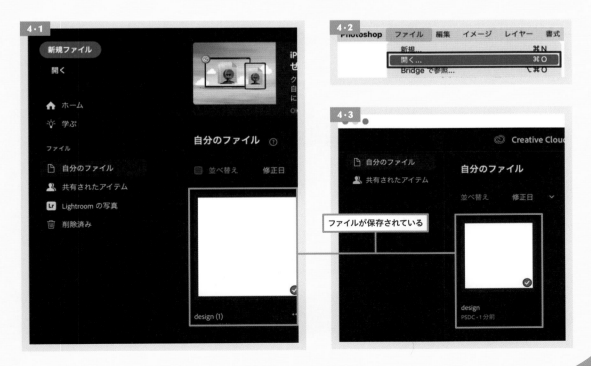

LEVEL 0

STEP 3

⏱ 10分

Photoshopの
画面構成を知ろう

このSTEPで使用する
主な機能

新規ドキュメント

ワークスペース

ツールバー

パネル各種

ドキュメントを作成するとパネルが現れました。各部分の名称を学び、画面を使いやすいようにカスタマイズしてみましょう。

1 Photoshopワークスペースの各名称

新規ファイルを作成して表示されるのがワークスペースです。写真の加工やデザインのために必要なツールやパネルが表示されています。ツールバーやオプションバー、パネルの場所は、ユーザーがカスタマイズできます。

❶ メニューバー

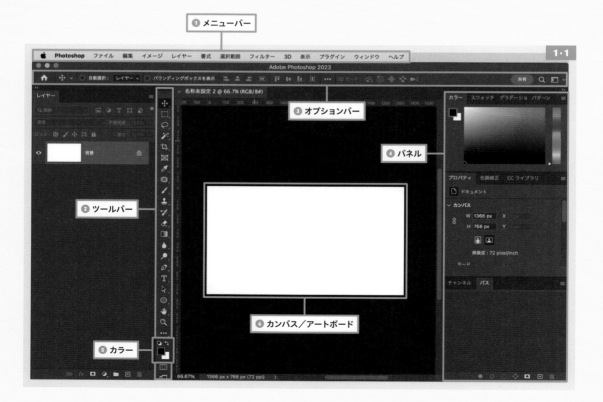

❸ オプションバー

❹ パネル

❷ ツールバー

❺ カラー

❻ カンバス／アートボード

1・1

① メニューバー

Photoshopの環境設定や、ファイルの作成・保存、各種機能など、Photoshopのさまざまなメニューを選べます 1·2 。

1·2
Photoshop　ファイル　編集　イメージ　レイヤー　書式　選択範囲　フィルター　3D　表示　プラグイン　ウィンドウ　ヘルプ

② ツールバー

ブラシ、テキスト、シェイプ、選択範囲など、Photoshopで実行できるツールを選ぶバーです 1·3 。
右下に三角のアイコンがついているツールは、長押しするとさらに非表示になっているツールのアイコンが現れます 1·4 。

COLUMN　ツールバーを編集

ツールバーは編集してよく使うツールのみ表示させることができます。

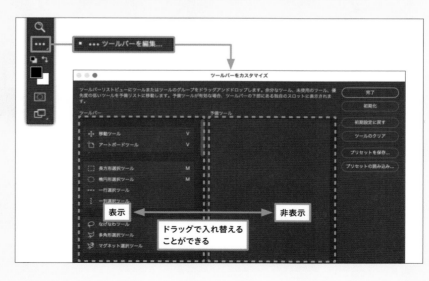

③ オプションバー

Photoshopの上部には、選択したツールに関するオプションが表示されます  1·5 。選択している
ツールによって表示される項目が変わります（図は[長方形ツール]選択時）。

選択したツールの設定をオプションバーで変更できる

④ パネル

パネルでは、レイヤーや文字、段落
などの詳細設定が可能です。初期
状態から表示されている[**プロパ
ティパネル**]の他は、[**ウィンドウ**]メ
ニューから選択して表示させる必要
があります 1·6 。

パネルは自由に移動したり合体でき、
必要のないものは[×]で非表示にで
きます 1·7 。[**プロパティパネル**]
は、[**レイヤーパネル**]で選択してい
るレイヤーの種類によって、設定で
きる項目が表示される汎用的なパネ
ルです。どのような作業の時にも表
示させておくと便利です。

❶[ウィンドウ]から表示したいパネルを選択

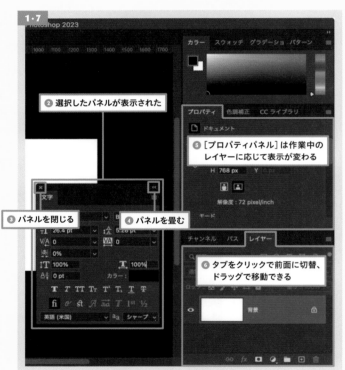

❷ 選択したパネルが表示された

❸ パネルを閉じる

❹ パネルを畳む

❺[プロパティパネル]は作業中の
レイヤーに応じて表示が変わる

❻ タブをクリックで前面に切替、
ドラッグで移動できる

各パネルの右上にある4本線のアイ
コンをクリックすると、パネルメ
ニューを選択できます 1·8 。

⑤ カラー

ツールバーの下にある2つ
の四角は、「描画色」❶ と
「背景色」❷ です。通常の
ブラシや[**塗りつぶしツー
ル**]などで使用される色が
「描画色」です。「背景色」
はその名の通り、背景に設
定されている色で[**消しゴム
ツール**]で消したときに表
れます。

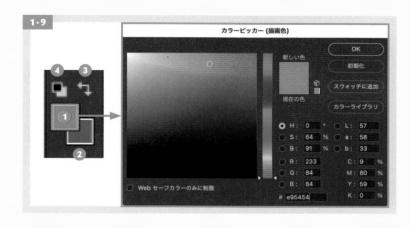

四角をクリックするとカラーピッカーが開き、カラーを変更できます。❸ の矢印で描画色と背景色
を入れ替えることができ、❹ で初期設定の白と黒に戻ります 1・9 。

⑥ クイックマスクモードとスクリーンモード

「クイックマスクモードで編集」❶ は、選択範囲の作成に使用する「クイックマスクモード」に切り
替えるアイコンです。再度クリックすると、通常の編集モードに戻ります。

「スクリーンモードを切り替え」❷ を押すと、Photoshopをパソコンの画面いっぱいに表示すること
ができます 1・10 。

STEP 4

環境設定を見てみよう

ここではPhotoshopをはじめて使う人におすすめしたい
環境設定を紹介していきます。

1 初期設定のウィンドウを出して設定する

環境設定はメニューの[**Photoshop**]
→[**環境設定**]から行えます（Windows
の場合は、[編集]→[環境設定]）**1・1**。
今回は[**一般**]を選択して環境設定の
ウィンドウを開きます **1・2**。

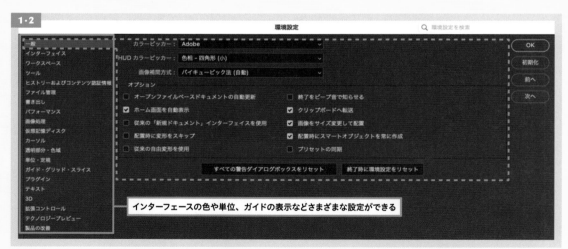

インターフェースの色や単位、ガイドの表示などさまざまな設定ができる

環境設定には、Photoshopのパネルやガイドの色など表示に関する設定や、Photoshopのパフォーマンスに関するなど動作に関する設定など、さまざまな項目があります。本書では、[**従来の自由変形を使用**][**画像をサイズ変更して配置**][**配置時にスマートオブジェクトを常に作成**]を設定します。

2 従来の自由変形を使用

レイヤーのバウンディングボックスをドラッグして自由変形させる際、[❶ **比率を保って変形**][❷ **比率を変更して変形**]の2つのシーンが考えられます。多くのグラフィックツールでは、[**shift**]キーを押すかどうかで2つのパターンを切り替えることができます。

Photoshopは長い間、図のような変形方法がデフォルトでした 2·1 。

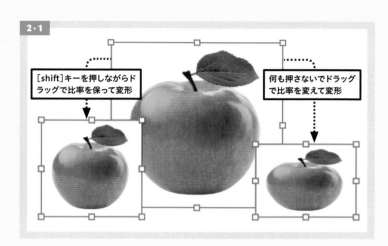

しかし、バージョン2019以降は以下の設定がデフォルトに変更になりました。

> [❶ **比率を保って変形**] …何も押さずに変形
> [❷ **比率を変更して変形**] …[**shift**]キーを押しながら変形

Photoshop 2019以前から使用していた人にはまったく逆の動作になるだけでなく、Illustratorなど他のアドビ製品の動作とも整合性が取れなくなるため、[**環境設定**]にて[**従来の自由変形を使用**]の項目が追加されました。この本では、他のツールに合わせるため、[**従来の自由変形を使用**]をオンにします 2·2 ❶ 。

Photoshopの準備

LEVEL
0

3 画像をサイズ変更して配置

Photoshopのアートボードやカンバス（デザインを作成する枠）に画像を配置するとき、[**画像をサイズ変更して配置**]をオンにしておくと、画像のサイズがアートボードやカンバスより大きい場合、自動で縮小して配置してくれます **3·1** 。

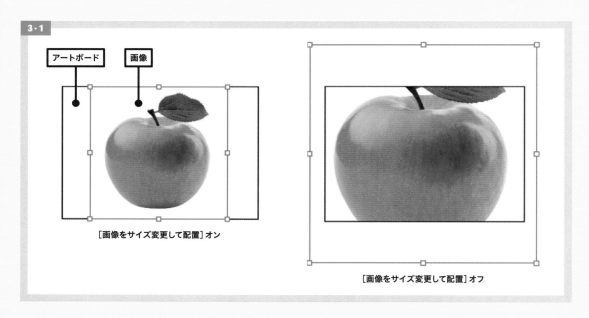

3·1

アートボード　画像

［画像をサイズ変更して配置］オン

［画像をサイズ変更して配置］オフ

便利な機能ですが、小さなデザインを作る際には画像が勝手に縮小されては困るので、この本では[**画像をサイズ変更して配置**]はオフにして作業していきます **2·2** **❷** 。

4 配置時にスマートオブジェクトを常に作成

アートボードやカンバスに画像を配置するとき、[**配置時にスマートオブジェクトを常に作成**]をオンにしておくと、自動で[**スマートオブジェクト**]に変換してくれます。

スマートオブジェクトはこの本でもよく登場する便利な機能ですが、自動で変換してしまうと、配置したファイルの種類によって作業に制約が出てくることがあります。本書では、スマートオブジェクトの重要性についてきちんと意識して制作することを目指すために、[**配置時にスマートオブジェクトを常に作成**]はオフにして作業していきます **2·2** **❸** 。

スマートオブジェクトについては53ページもチェック！

LEVEL 0

STEP 5

5分

Photoshopの画面を すいすい泳ごう

このSTEPで使用する
主な機能

ズームツール

手のひらツール

ヒストリーパネル

Photoshopの画面の操作は作業スピードに直結します。ストレスなく
すいすい操作するポイントを学びましょう。

1 カンバスをズームイン／アウトする

細かい作業をするときは、カンバス（またはアートボード）を拡大して作業します。ツールバーから
[**ズームツール**]を選択すると **1·1** 、カーソルが虫眼鏡の[+]マークに変わり、カンバスの上をク
リックしてズームインできます。[**option**]（[Alt]）キーを押すと、虫眼鏡が[−]の表示になり、この状
態でクリックするとズームアウトし
ます **1·2** 。他のツールを使用し
ているときは、[**command**]（[Ctrl]）
+[**スペース**]キーで拡大、[**option**]
（[Alt]）キーを追加すると縮小でき
ます。

❶ズームイン

❷[option]キーでズームアウト

2 狙ったところを ズームイン／アウトする

カンバスの特定の部分のみ大きく
表示したいところがある場合は、そ
こを狙ってズームインすることも可
能です。[**ズームツール**]を選択し、
オプションバーで[**スクラブズーム**]
のチェックをオフにします。カーソ
ルで大きくしたいところをクリックし
てドラッグすると、ドラッグした範囲
がズームインで表示されます。

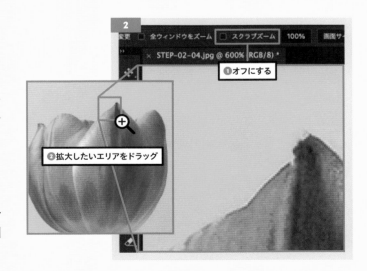

❶オフにする

❷拡大したいエリアをドラッグ

Photoshopの準備

LEVEL
0

023

3 カンバスの中を移動する

カンバスの中を移動するには、[**手のひら
ツール**]を使います。カーソルが手のひら
のマークに変わり、クリック＆ドラッグで上
下左右を自由に移動できます。[**手のひら
ツール**]は、どのツールを使って作業してい
ても、[**スペース**]キーで呼び出すことがで
きます。

[スペース]キーを押しながらクリック＆ドラッグ

4 作業の取り消し

何らかの操作をしたあとで「しまった、取り消したい」と思うことは多々あります。そういうときは、
[**command**]（[Ctrl]）+[**Z**]キーで、作業を1つずつ取り消す（元の状態に戻していく）ことができます。
たとえば3工程前に戻りたいときは[**command**]（[Ctrl]）+[**Z**]キーを3回繰り返し押します。

ファイルを開いた状態に戻す

戻したい工程を選択する

戻りたい工程が多い場合は、[**ヒストリーパネル**]を使え
ば、狙った工程まで戻すことができます。図は、❶ 画像を
開いたあと、❷ 解像度を変更し、❸ スマートオブジェクト
に変換、❹ 新規レイヤーを作成して、❺ ブラシツールを
使った状態です。1番上のファイル名をクリックすると、❶
のファイルを開いた状態まで戻せます。

逆に、工程をやり直したいとき（取り消した作業をもう一度行う）
は、[**command**]（[Ctrl]）+[**shift**]+[**Z**]キーを押しましょう。

このやり直しとヒストリーの履歴は、ファイルを閉じると消えてしまいます。あくまで応急処置のた
めのツールと考え、工程を何度も戻ったりすることがないように、再編集しやすいデータ作りを目指
しましょう。

LEVEL
1

Photoshopを
使ったデザイン

Photoshopにはさまざまな機能があり、実は目的
のデザインを制作するのにも、何通りもの方法があ
ります。最初のうちは、どの機能を使うのがよいの
か、迷うこともあるでしょう。この章では、本書で目
指したい「デザイン制作のための再編集可能な作
り方」についても解説しています。

Photoshopって どんなもの?

ここからPhotoshopについて学んでいきます。
まずはPhotoshopがどのような特徴を持ったソフトなのか
見てみましょう。

■ Photoshopは画像編集が得意なソフト

Photoshopはアドビ社が開発する、画像編集を得意とするグラフィックソフトです。
暗い写真を明るくする、人物の顔のしわを消す、複数の写真を組み合わせるなどの写真加工はもちろん、テキストを入れたり、ブラシやシェイプ機能などを使ってイラストやデザインの制作に使用するなど、その用途は多岐に渡ります。

ソフトウェアアップデートにより利便性がアップ

かつてはソフトウェアを買い切る形でしたが、現在はCreative Cloudというサブスクリプション形式で提供されており、年に一度大きなメジャーアップデートが入り、その都度新しい機能が追加されています。特に、Adobe Sensei(アドビが開発した人工知能)登場以降の新機能には毎年驚きの声が上がっています。

この写真は「被写体を選択」で自動で選択して切り抜き、フィルターで表情を変えています。かつては手作業で行っていた作業が、Adobe Senseiにより自動で行われ、作業時間が大幅に短縮されました。

■ Photoshop は「レイヤー」を重ねて作る

Photoshop は「レイヤー」という透明のフィルムのようなものに、それぞれ必要なものを描画して、デザインやイラストを制作しています。レイヤーは順番を変更することができ、[**レイヤーパネル**]の上にいくほど手前に、下に行くほど奥に表示されます。詳しくは42ページで解説していきます。

さまざまな役割のレイヤーが集まって、1つのデザインとなる

左のバナーデザインのレイヤーパネル

■ Photoshop は「ピクセル」を操作するソフト

Photoshop で扱う画像は、本質的にはドット絵と同じ仕組みでできていて、「非常にピクセルの多いドット絵」と言うことができます。このピクセルが多くなるにつれ高精細な表現ができる一方、情報量が増えるためファイルのサイズも徐々に大きくなっていきます。Photoshop は、さまざまな機能があるため、一見難しいソフトウェアに見えますが、シンプルに言えば「ピクセルを塗ったり色情報を変化させたりする」ためのソフトです。

1つのピクセルに1つの色

Photoshopと
デザインの現場

ウェブデザインとDTPデザイン（デスクトップパブリッシング：印刷物のデザイン）
の現場でPhotoshopはどのように利用されているのでしょうか。
詳しく見ていきましょう。

■ Photoshopはデザインの現場でよく使用されている

表のソフトウェアは、ウェブデザインやDTPデザインの現場でよく使用されている代表的なものです。

ソフトウェアの名前	Adobe Photoshop	Adobe Illustrator	Adobe XD・Figma
主に扱う画像の種類	ビットマップ	ベクター	ベクター
カラーモード	RGB/CMYK	RGB/CMYK	RGB
主な使用シーン	写真補正 イラスト	ロゴ制作 印刷物	ウェブデザイン アプリデザイン

ウェブデザインとDTPデザインで使うPhotoshop

ウェブサイト制作時、クライアント確認のために作成するデザインカンプは、かつてPhotoshopで
多く作成していました。今ではウェブデザインに特化したソフトが登場したため、Photoshopの出
番は以前より減っています。しかし、写真やグラフィック表現が多用されるものや、バナー制作など
においては、Photoshopの強みは健在です。XDやFigmaは画像加工の機能が充実していないた
め、写真はPhotoshopで加工して、レイアウトはXDで……というようにそれぞれのソフトウェアの
強みを活かして、できることを組み合わせて制作することがあります。
また、名刺やチラシのようなDTPデザインでも、ラスター形式を扱えるPhotoshopと、それ以外の
強みを持つIllustratorやInDesignを組み合わせて制作することがあります。もちろん、
Photoshopだけで印刷用のデータを作成することも可能です。

TIPS ベクターって何?

ベクターとは、アンカーポイントという点を追加して、その点と点との間を直線や曲線で繋いで描画していく画像データです。ベクターデータのメリットは拡大縮小に強いことで、さまざまなサイズで使用されるロゴのデザインや、イラスト、アイコンのデザインなどによく用いられます。

ベクター　　　　　ビットマップ

拡大しても画像が粗くならない

 TIPS RGBとCMYKって何?

Photoshopでは RGBと CMYKの2つのカラーモードを使い分けられます。
ウェブサイトを表示するスマホやパソコンの画面は、「RGB（赤・緑・青）」の3色の光を掛け合わせて色を表示しており、これらの3色を重ねるほど白に近づいていきます。
フルカラーの印刷物は「CMYK（シアン・マゼンダ・イエロー・ブラック）」の4色を網点（あみてん）で掛け合わせて表現しており、これらの4色を重ねると黒に近づいていきます。
Photoshopと Illustratorはウェブデザインでも DTPデザインでも使用されるため、RGBと CMYKどちらのデータも作成することができます。XDと Figmaは、ウェブデザインに特化しているため、RGBのデータのみ作成できる仕様になっています。

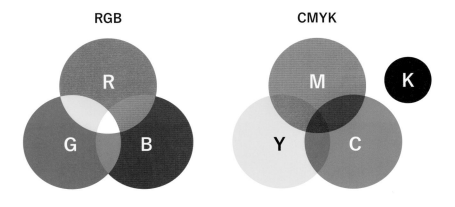

RGB　　　　　　　　　CMYK

STEP **3**

解像度と画像サイズ

Photoshopで扱う画像はピクセルの集まりでできています。
デザインを作る上で大事な「解像度」について学びましょう。

■ 画像解像度とは

Photoshopを使用する上でよく出てくる解像度という言葉。これには「①モニターや画像のサイズ」「②ピクセルの密度」の２つの意味があります。

①モニターや画像のサイズ

パソコンのモニターは、ピクセルの集まりでできています。よく、モニターの解像度で「横1,920px、縦1,080px」などという言葉を耳にすることはないでしょうか？　これは、モニターで描画するピクセルが「横にいくつ、縦にいくつあるのか」を表しているのです。横1,920px、縦1,080pxのモニターは「横に1,920個、縦に1,080個のピクセルが並んでいる」ということです。

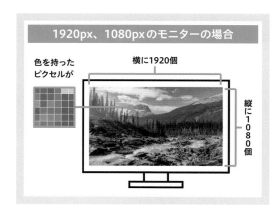

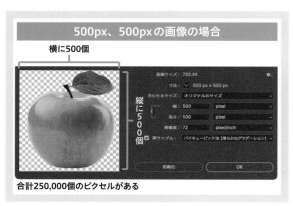

②ピクセルの密度

モニターや画像の大きさはピクセルの数で決まりますが、そのピクセルの密度を決めるのが「ppi」という単位です。

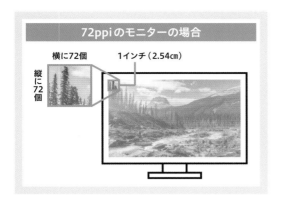

72ppiのモニターの場合

横に72個　1インチ (2.54cm)

縦に72個

ppiは「pixels per inch（ピクセル・パー・インチ）」の略で、「1インチ（≒2.54cm）の中が、縦横にいくつのピクセルで構成されているか」、ということを表しています。例えば72ppiは1インチの中が縦横72個のピクセルで構成されています。スマートフォンや高画質なモニターは、ppiが72より高いものが多くとても高精細に描画されます。

■ 画像サイズとppiの関係

例えば、「横1,000px×縦1,000px」の画像が2つあるとします。1つは72ppi、もう1つは350ppiの場合、どのような違いがあるでしょうか。モニターで表示する場合、72ppiも350ppiも見た目は同じ「横1,000px×縦1,000px」で表示され、変わりがありません。

しかし印刷すると、2つの画像には違いが生じます。72ppiの画像は密度が足りず、ぼやけた印刷になってしまいます。印刷物に必要なppiは印刷方法によっても異なりますが、72ppiから350ppiに変換すると密度が上がってきれいに印刷されますが、印刷されるサイズは小さくなります。
Photoshopでバナーなどのデザインのドキュメントを作成する場合、慣習的に72ppiが使用されます。

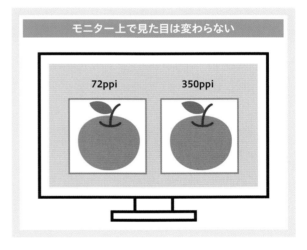

モニター上で見た目は変わらない

72ppi　　　350ppi

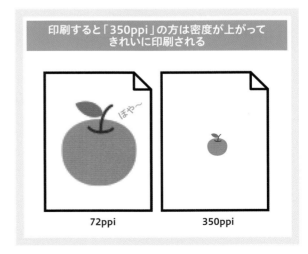

印刷すると「350ppi」の方は密度が上がってきれいに印刷される

ぼや〜

72ppi　　　350ppi

■ 高解像度モニターとスマホ

モニターに表示するためのデザインでも注意が必要なのが、Appleの Retina ディスプレイなどの高解像度モニターやスマートフォンでの表示です。これらがどのように高精細な表示をしているかというと、通常のモニターの1ピクセルに、4ピクセル、9ピクセルのピクセルを入れることで、密度が高く高精細に表示させています。つまり高精細なモニターでは通常のモニターの2倍以上のピクセルが必要になる、ということです。

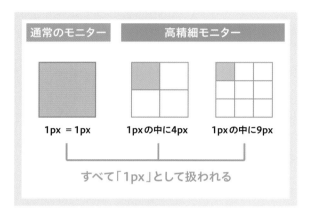

では、スマホで表示する画像はどのように画質を上げればよいのでしょう？　この場合、画像サイズを表示サイズの2倍に書き出して、HTMLやCSS、アプリケーションで表示サイズに変更する手法が一般的です。図のようにたとえば縦横「300px」の画像が必要な場合でも、Photoshopで書き出すときには縦横「600px」の画像として書き出します。「600px」の画像を半分のサイズで表示することで、密度を上げるという方法です。書き出しについては LEVEL 5（276ページ）で解説しますが、モニターで表示させるデザインにもいろいろなものがある、ということだけ頭の片隅に置いておいてください。

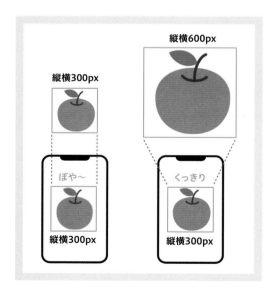

STEP 4

(10分) デザイン制作に向いている作り方を知ろう

Photoshopはとても多機能です。
その中でも「デザイン制作に向いた作り方」について学びましょう。

■ Photoshopでのデザイン制作

Photoshopは多くの機能を備えているため、1つのデザインを作るのにもさまざまな方法があります。例えば「写真の切り抜き」を例にしてみると、同じ結果でも2つの方法があることがわかります。仕上がりにも違いがない場合、デザイン制作ではどちらの方法を選ぶべきでしょうか。

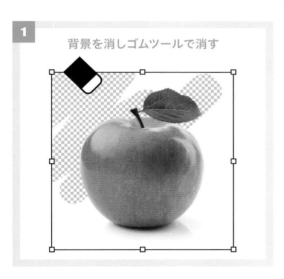

1 背景を消しゴムツールで消す

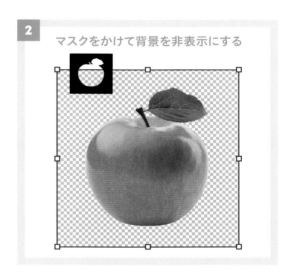

2 マスクをかけて背景を非表示にする

Photoshopを使ったデザイン

LEVEL 1

0

再編集可能な方法を選ぼう

仕上がりが同じ方法が複数ある場合、「再編集可能」な方を選ぶのがベターです。

1 のように[消しゴムツール]で消してしまうと、そのピクセルの情報は失われてしまいます。後から「やっぱり背景ありで」と言われても、簡単に戻すことができません。一方、2 の[マスク]機能を使う場合、背景を隠しているだけなので、すぐに元に戻すことができ、「背景が欲しい」という変更にもすぐに対応できます。

ピクセルの情報を失わない方法を選ぼう

1 の作業の他、写真のサイズ変更や変形という操作もピクセルの情報を失ってしまう作業です。

たとえば縦横「500px」の画像を縦横「50px」に縮小した場合、ピクセルの数は大幅に減ってしまいます。これを再度大きなサイズに拡大しても、失ったピクセルの情報は戻ってきません。

Photoshopには、元データを保持してピクセルの情報を失わずにサイズ変更や変形ができる「スマートオブジェクト」などの機能が用意されています。デザイン作業では「いかにピクセルの情報を失わず、再編集可能な形で作るか」ということが、試行錯誤しやすく、変更にも対応しやすい作り方と言えます。

通常の写真を縮小した後、再度拡大した場合

写真を「スマートオブジェクト」に変換し、縮小した後、再度拡大した場合

デザイン制作に向いた作り方の例

■ ボタンを作る

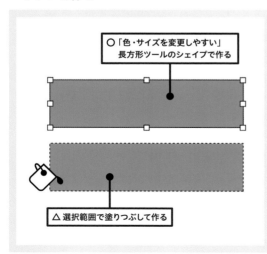

○「色・サイズを変更しやすい」長方形ツールのシェイプで作る

△ 選択範囲で塗りつぶして作る

■ 写真を補正する

△ 直接色調補正をかける

○「再編集しやすい」フィルターをかけて色補正をする

■ 写真の一部を補修する

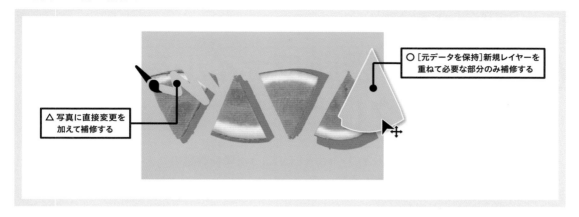

■ バナーデザインを見てみよう

このバナーは、Photoshop の
さまざまな機能を組み合わせ
てデザイン制作をしています。

・写真を切り抜く
・写真を白黒にする
・テキストを変形する
・シェイプで背景を作る

このバナー作例は購入者特典としてPDFをダウンロードできます（詳細は236ページ）

上記はすべて、再編集可能でピクセルを失わない方法で作成しているため、例えば切り抜きの形
を変える、テキストの太さを変えるなどの変更をすぐに行うことができます。
Photoshopでは同じ結果にたどり着くのにさまざまな方法があります。本書では、デザイン制作で
「編集しやすい・変更に強い」にこだわった作り方を解説していきます。

デザインの変更にも
すぐに対応できる
方法を選ぼう

補講

特典の課題ファイルを チェックしよう①

本書の特典、LEVEL 2のドリルとLEVEL 3以降の課題の
ファイルについて解説します。

■ ドリルと課題ファイル

LEVEL 2では数多くあるPhotoshopの機能のうち、デザインの実務の中で、特に知っておいてほしい機能についてまとめ、LEVEL 3では、LEVEL 2で得た知識をもとに、実際に課題ファイルを使って作例に挑戦していきます。

LEVEL 2は、基本的に読みものとして読みすすめていただけるように内容をまとめましたが、パスやシェイプ、色調補正など、実際に手を動かしたほうが理解しやすい一部の機能については、特典のドリルを用意しました。作例に挑戦する前に、ある程度機能の使い方をマスターしたいという方はぜひ、このドリルを使ってみてください（ドリルを使わず、直接LEVEL 3の作例に挑戦していただいても問題ありません）。

初心者が
つまづきやすい
パスやマスクの
機能も…

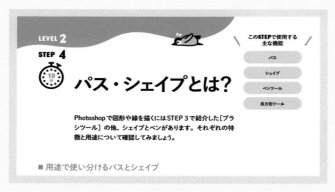

実際に使って
理解！

特典のドリルや作例の課題ファイルは、以下サポートサイトからダウンロードできます。
https://book.mynavi.jp/supportsite/detail/9784839979027.html

Let's start!

上記URLにアクセス後、「LEVEL2-drills.zip」を選択してダウンロードしてください。解凍すると、STEPごとに分かれたドリルのPDFファイルがあります。ぜひ、LEVEL 2を読みすすめる際に一緒にドリルに取り組んでみましょう。また、LEVEL 3以降の作例で使用する課題ファイルについては「sample.zip」を選択してダウンロードしてください。解凍すると、LEVELごと、STEPごとに作例に使用する課題ファイルが格納されています。

LEVEL 2

Photoshopの基本を知ろう

LEVEL 2では、Photoshopを使って実際にどんなことができるのか、どんな機能があるのかをじっくり見ていきます。読むだけでは理解が難しいマスクや色調補正などは、実際にPhotoshopを動かしながら機能を習得する特典PDFも用意しているので、実践してみましょう。

この**STEP**で使用する
主な機能

新規ドキュメント

カンバス

アートボード

レイヤーパネル

STEP **1**

カンバスと
アートボードの違い

デザインを新規で作るには、まずカンバスかアートボードを作成して
制作していきます。この2つの特徴、違いについて学びましょう。

■ 1つのカンバスと複数のアートボード

[**カンバス**]と[**アートボード**]は、新規ドキュメントを作成(LEVEL 0 のSTEP 2「ドキュメントを作成・保存
しよう」参照)する際に選択します。[**カンバス**]は、1つのPSDデータの中で1つの作業領域のみ、
[**アートボード**]は複数の作業領域を作れるという特徴があります。

1 カンバスとアートボードの作成方法

新規ドキュメント作成時、プリセットの詳細の[**アートボード**]のチェックをオフにすると、[**カンバ
ス**]が作成でき、オンにすると[**アートボード**]が作成できます。

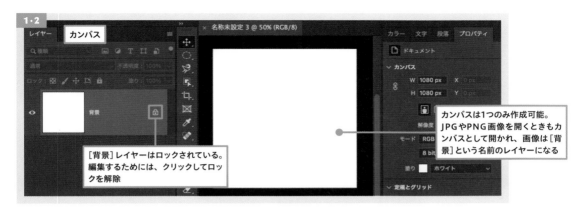

1・2

カンバス

[背景]レイヤーはロックされている。編集するためには、クリックしてロックを解除

カンバスは1つのみ作成可能。JPGやPNG画像を開くときもカンバスとして開かれ、画像は[背景]という名前のレイヤーになる

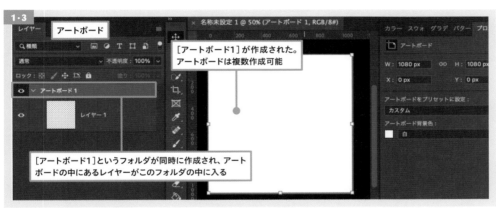

1・3

アートボード

[アートボード1]が作成された。アートボードは複数作成可能

[アートボード1]というフォルダが同時に作成され、アートボードの中にあるレイヤーがこのフォルダの中に入る

COLUMN　カンバスカラー

新規ドキュメント作成時に指定できるカンバスカラーは、「白」「黒」「背景色」などを選ぶことができますが、特に指定がない場合は白を選べば問題ありません。

背景を透過で書き出すデザインを作成する場合は、「透明」を選びます（Photoshop上で透明を表す市松模様が背景に表示されます）。カンバス作成後も[プロパティパネル]で[塗り]の色は変更可能です。

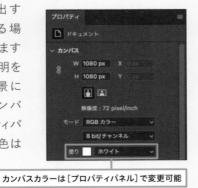

カンバスカラーは[プロパティパネル]で変更可能

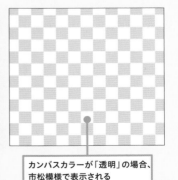

カンバスカラーが「透明」の場合、市松模様で表示される

2 アートボードを増やす

アートボードは増やすことができます。既存のアートボードと同じサイズで作成したいときは、[**アートボードツール**]を選択し、既存のアートボードを選択したときに上下左右に表示される ⊕ ボタンをクリックします。すると、その方向に同じサイズのアートボードが作成できます。このとき [**option**]（[Alt]）キーを押しながらクリックすると、アートボードに含まれるレイヤーも一緒に複製されます。

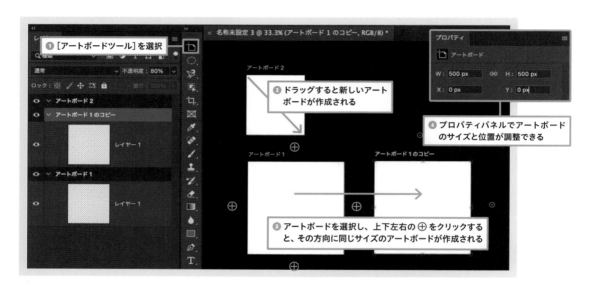

3 カンバスとアートボードの外

[**カンバス**]と[**アートボード**]内にあるオブジェクトのあるレイヤーを、作業領域の外に動かしてみましょう。

[**カンバス**]では、レイヤーを作業領域の外に移動すると、存在はするものの非表示状態になり見えなくなってしまいます（書き出しにも影響しません） 3・1 。

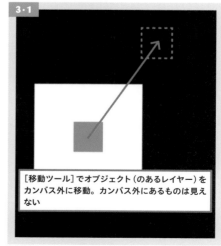

[移動ツール]でオブジェクト（のあるレイヤー）をカンバス外に移動。カンバス外にあるものは見えない

TIPS 書き出しとは

Photoshop上で作成したデザインデータから、ウェブ用や印刷用などの用途で、PSD以外のファイル形式で保存することを書き出しといいます。書き出しの方法については89ページにて解説しています。

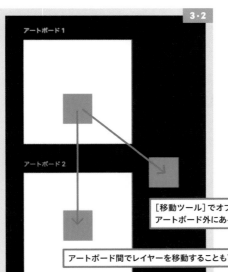

[**アートボード**]では、オブジェクトのあるレイヤーを作業領域の外に移動すると、移動した先でもそのまま表示されています。また、[**アートボード1**]から[**アートボード2**]など、アートボード間でレイヤーを移動することも可能です 3・2 。レイヤーの一部だけがアートボードの中に表示されている場合は、アートボードからはみ出した領域は非表示になります。

[移動ツール]でオブジェクト(のあるレイヤー)をアートボード外に移動。アートボード外にあるものも表示されている

アートボード間でレイヤーを移動することも可能

[**レイヤーパネル**]で確認すると、領域外に移動したレイヤーはどこのアートボードにも所属していないことがわかります 3・3 3・4 。
書き出しには影響しませんが、表示はされるので色見本や参考用レイヤーなどを置いておくことができます。

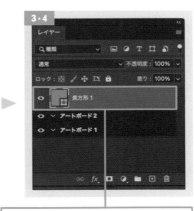

[アートボード1]に属していたレイヤーが移動し、どのアートボードにも属さない状態になった

COLUMN 既存の写真や画像はカンバスで開かれる

JPGやPNGなどのファイルをPhotoshopで開く([ファイル]メニュー→[開く]でファイルを指定、またはPhotoshopのアプリケーションアイコンにファイルをドラッグ)と、アートボードではなくカンバスとして開かれます。

写真がカンバスとして開かれた。[背景]レイヤーはロックされている

カンバスのサイズや解像度は変更可能(94ページ)

STEP 2

レイヤーの基本を
マスターしよう

Photoshopでは、カンバスやアートボードに表示されている要素はすべて「レイヤー」でできています。「調整レイヤー」など、さまざまな種類のレイヤーが存在するため、どんな作業のときでも、レイヤーパネルを確認しながら作業することが大切です。

■ Photohopの基本、重ねて多彩な表現

透明のレイヤーを重ねてデザインを作っていく

Photoshopの基本であるレイヤーは、作成したカンバスやアートボードと同じ形をした透明のフィルムのようなものです。このレイヤーを重ねてデザインやイラストを作成します。

Photoshopでは[**レイヤーパネル**]を見ればレイヤーに対してどのような作業が行われているのかがわかります。レイヤーは複雑なデザインになるほど増えがちなので、[**レイヤーパネル**]を見て、どこに何があるのかを把握しながら制作することが大切です。

■ レイヤーパネルの基本操作

レイヤーを操作するには、まず「今からこのレイヤーを操作します」ということを宣言するため、[**レイヤーパネル**]で目的のレイヤーをクリックして選択します。レイヤーを選択した状態の[**レイヤーパネル**]を見てみましょう。

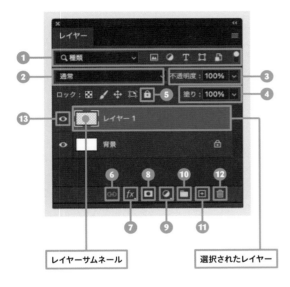

① レイヤーを名前や種類で検索

② レイヤーの描画モードの変更

③ レイヤーの不透明度を変更

④ レイヤーの塗りを変更（レイヤーの内容の不透明度を変更し、レイヤースタイルの不透明度は変化しない）

⑤ レイヤーをロックする

⑥ レイヤーをリンク（複数のレイヤーを選択して押すとレイヤー同士がリンクされて一緒に移動する）

⑦ レイヤースタイルを追加

⑧ レイヤーマスクを追加

⑨ 塗りつぶしまたは調整レイヤーを新規作成

⑩ 新規グループを作成

⑪ 新規レイヤーを作成

⑫ レイヤーを削除（レイヤーをゴミ箱にドラッグ、または[delete]キーで削除）

⑬ レイヤーの表示／非表示

COLUMN　レイヤーは重なりが大事

レイヤーは重なりの順番によってカンバス（またはアートボード）上での表示が変化し、[レイヤーパネル]の上にいくほど前面に、下に行くほど背面に表示されます。レイヤーは[command]（[Ctrl]）＋ [ ]] キーで前面に、[command]（[Ctrl]）＋ [[ ] キーで背面に移動できます。

レイヤーの上で右クリックすると、レイヤーに対して行うさまざまな操作を選択できます。レイヤーの結合や、本書でもよく使用する[**スマートオブジェクトに変換**][**クリッピングマスクを作成**]などもここから選択できます。

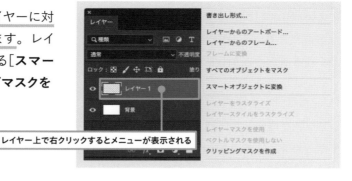

レイヤー上で右クリックするとメニューが表示される

また、右のようにメニューバーの[**レイヤー**]メニューからも操作を選択できます。

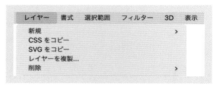

■ アイコンで見分ける「レイヤーの種類」

レイヤーサムネールの上にアイコンがあるレイヤーは、[**ブラシツール**]や[**消しゴムツール**]などで直接変更できないレイヤーの種類です。

通常レイヤー　スマートオブジェクト　テキスト　シェイプ

■ レイヤーの表示で見分ける「レイヤーの状態」

非表示やマスク、グループ化されているレイヤーなどもレイヤーパネルを見れば一目瞭然です。

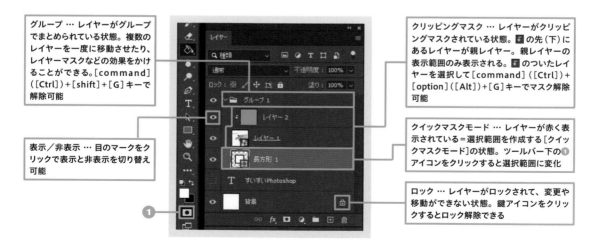

グループ … レイヤーがグループでまとめられている状態。複数のレイヤーを一度に移動させたり、レイヤーマスクなどの効果をかけることができる。[command]（[Ctrl]）+[shift]+[G]キーで解除可能

表示／非表示 … 目のマークをクリックで表示と非表示を切り替え可能

クリッピングマスク … レイヤーがクリッピングマスクされている状態。⬇の先（下）にあるレイヤーが親レイヤー。親レイヤーの表示範囲のみ表示される。⬇のついたレイヤーを選択して[command]（[Ctrl]）+[option]（[Alt]）+[G]キーでマスク解除可能

クイックマスクモード … レイヤーが赤く表示されている＝選択範囲を作成する[クイックマスクモード]の状態。ツールバー下の❶アイコンをクリックすると選択範囲に変化

ロック … レイヤーがロックされて、変更や移動ができない状態。鍵アイコンをクリックするとロック解除できる

■ 描画モード

通常、レイヤーは[**レイヤーパネル**]の上にいくほど前面に、下に行くほど背面に表示され、上の
レイヤーに描画したものが、下のレイヤーの描画部分に重なっている場合は、下のレイヤーの重な
りの部分は表示されません。ただし、[**レイヤーパネル**]の[**描画モード**]の変更によって、「下のレ
イヤーとどのように重ねるか」を変更できます。

コントラストを変化させるものや、色相・彩度などを変化させるものは重なり合うレイヤーの持つ色
や明るさで変化するので、「こんなふうな表現にしたいな」ということを頭にイメージして、目的の
描画モードを探しましょう。LEVEL 3のSTEP 15「コーヒーの写真に湯気をプラスしよう」(168ペー
ジ)の作例を試してみましょう。描画モードへの理解が深まります。

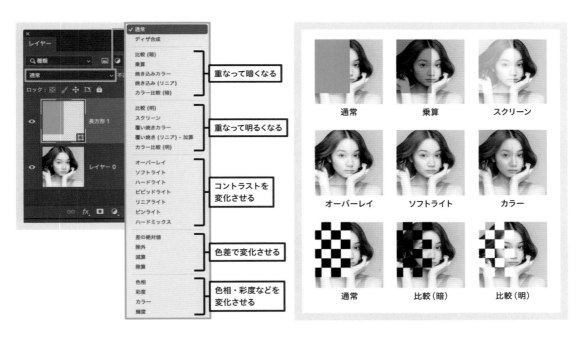

TIPS

「レイヤーパネルオプション」では、サムネールの大きさや表示する場所を変更できます。デザイン作業で小
さなパーツも扱う場合、[サムネールの内容]を[レイヤー範囲のみを表示]にすると、細かなパーツもサム
ネールに表示することができ便利です。

STEP 3

ブラシツールについて知ろう

Photoshopで図形や線を描くときに使用する［ブラシツール］。
実は、補正やマスクなど、描画以外のさまざまな操作でも活
用することが多い機能です。

■ ブラシツールでできること

［**ブラシツール**］は直感的に線を描けるツールです。あらかじめ用意されているブラシをカスタマイ
ズしたり、不透明度や流量を変更することで多彩な表現ができます。

レイヤーマスクを調整する

多彩なブラシで描画する

部分的に色調補正をかける

ブラシには
さまざまな用途が
あるよ

■ ブラシの基本

ブラシを使用するときは、ツールバーから［**ブラシツール**］を選択し、上に表示されるオプション
バーからブラシの種類、直径、硬さを選択します。ツールバー下の［**描画色**］をクリックするとカ
ラーピッカーが開き、ブラシの色を設定できます。

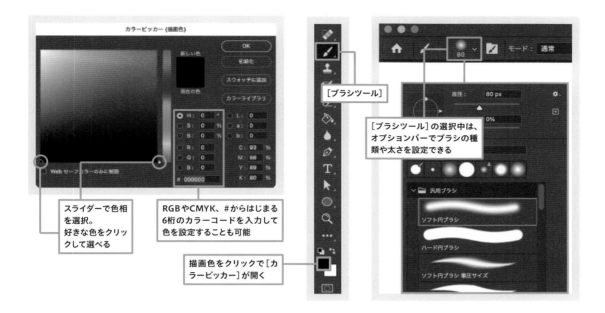

スライダーで色相
を選択。
好きな色をクリッ
クして選べる

RGBやCMYK、#からはじまる
6桁のカラーコードを入力して
色を設定することも可能

[ブラシツール]

[ブラシツール]の選択中は、
オプションバーでブラシの種
類や太さを設定できる

描画色をクリックで[カ
ラーピッカー]が開く

TIPS

[ブラシツール]で描画するには、新規レイヤーを作成します。テキストレイヤーやシェイプレイヤーには描け
ません。LEVEL 3のSTEP 5「ブラシで影を描こう」(104ページ)でブラシに挑戦してみましょう。

■［ブラシ設定パネル］でブラシをカスタマイズする

[**ブラシ設定パネル**]でさらに細かい設定ができます。ブラシで引く線は、一見すると途切れなく
続いているように見えますが、実態は[**ブラシの先端**]を一定の間隔で繰り返して線を作る「スタン
プ」のようなイメージです。ブラシの先端の形状や間隔など、さまざまな設定を組み合わせると、多
彩な表現が可能になります。

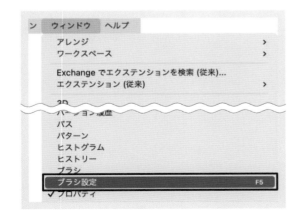

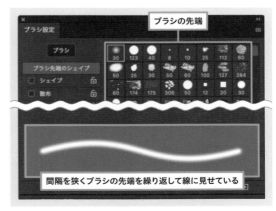

ブラシの先端

間隔を狭くブラシの先端を繰り返して線に見せている

■ ブラシの「不透明度」と「流量」とは

ブラシには[**不透明度**]と[**流量**]があります。

「不透明度」は、絵の具に水を混ぜて薄くするイメージで、「流量」はスプレー塗料を押す力を加減して、出力する量を調節するイメージです。透明度の高い絵の具も重ね塗りすれば濃くなるように、不透明度が低いブラシでも、何度も重ねることで濃くなります。

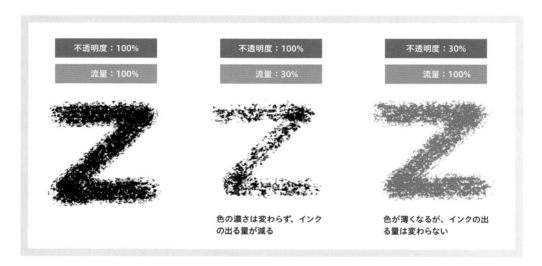

TIPS

ブラシは大きさや硬さを素早く変更するのが、作業スピードアップのキーとなります。LEVEL 3のSTEP 4「ブラシのショートカットキーをマスターしよう」（101ページ）で、ショートカットキーを使ったブラシの設定変更に挑戦してみましょう。

TIPS

LEVEL 4のSTEP 5「クリスマスケーキのバナーを作ろう」（218ページ）ではオリジナルブラシの作成、LEVEL 4のSTEP 4「アウトドアYouTuberのサムネールを作ろう」（206ページ）ではブラシの流量を利用したテキスト効果に挑戦しています。

LEVEL 2

STEP 4

（15分）パスとシェイプとは？

このSTEPで使用する
主な機能

> パス

> シェイプ

> ペンツール

> 長方形ツール

Photoshopで図形や線を描くにはSTEP 3で紹介した［ブラシツール］の他に、シェイプを使った描画があります。それぞれの特徴と用途について確認してみましょう。

■ 用途で使い分けるパスとシェイプ

Photoshopで扱えるベジェ（点を繋いで直線や曲線を描いていく手法）にはパスとシェイプがあります。どちらも同じツールで作成することができますが、マスクや選択範囲など後工程のために作成する［**パス**］と、デザインのパーツとして使う［**シェイプ**］で、用途は大きく異なります。

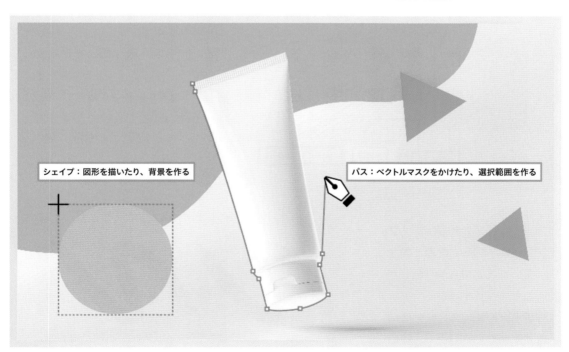

シェイプ：図形を描いたり、背景を作る

パス：ベクトルマスクをかけたり、選択範囲を作る

［長方形ツール］や［ペンツール］で作成できるパスとシェイプ。目的によって使い分けよう

Photoshopの基本を知ろう

LEVEL
2

1

0

049

■ パスとシェイプの基本

パスとシェイプの作成には、[**長方形ツール**]など
の決まった形から作るツール、または[**ペンツー
ル**]を使います。

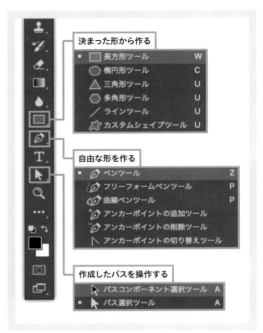

作りたいパス・またはシェイプに適したツールを
選択したら、必ずオプションバーで[**パス**]か[**シェ
イプ**]を選択して作成をはじめます。

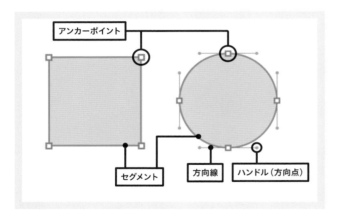

パスとシェイプは、[**アンカーポイント**]
と呼ばれる点を作成して、その間を[**セ
グメント**]という線で繋いで形を作って
います。[**ペンツール**]で曲線を描く場
合は[**ハンドル**]を引き出して、その長
さや方向によって曲線の形を調節しま
す。

パス・シェイプの特徴は、[**ブ
ラシツール**]で描いた線と異な
り、描いたあとでもやり直しが
効くことです。作成後、アン
カーポイントやハンドルを移動
させて形を変形させたり、線の
太さや色を変更することができ
ます。

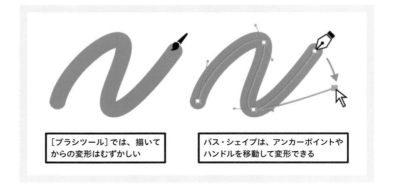

[ブラシツール]では、描いて
からの変形はむずかしい

パス・シェイプは、アンカーポイントや
ハンドルを移動して変形できる

■ パスとシェイプの違い

［**パス**］は、作成してもレイヤーには現れない実態のない存在です。パスの作成だけで作業が完了することはなく、作成したパスを利用して「選択範囲の作成」「ベクトルマスクの作成」「シェイプの作成」といった作業に使用します。

レイヤー上に何らかの形を作成し、それを選択範囲やマスクに使用する場合は［**パス**］、塗りや線をつけて描画として使用する場合は［**シェイプ**］を作成します。

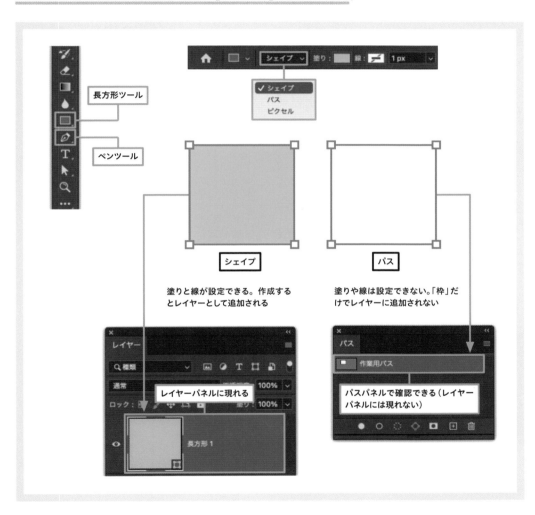

長方形ツール

ペンツール

シェイプ

塗りと線が設定できる。作成するとレイヤーとして追加される

レイヤーパネルに現れる

長方形 1

パス

塗りや線は設定できない。「枠」だけでレイヤーに追加されない

作業用パス

パスパネルで確認できる（レイヤーパネルには現れない）

TIPS
LEVEL 3 の STEP 9「ベクトルマスクで切り抜きしよう」（127ページ）ではパスを、STEP 11「スマホの画面にデザインを合成してみよう」（139ページ）ではシェイプの作成に挑戦しています。

■ パスとシェイプを操るカーソル

パス・シェイプを作成、変形するカーソルは大きく分けて4つあります。

十字カーソル

[長方形ツール][楕円形ツール]などを選択時に現れる、定型の形を作成するときのカーソルの形状です。作成したい形状に合わせてカンバスをクリック&ドラッグ、またはクリックしてダイアログでサイズをあらかじめ指定して作成できます。

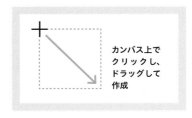

カンバス上でクリックし、ドラッグして作成

ペン

[ペンツール]を選択した際のカーソルの形状です。自由な形を描画できます。クリックするとアンカーポイントが作成され、直線を描画できます。クリックしてドラッグするとハンドルが引き出され、曲線が描画できます。

直線、曲線を引くことができる

パス選択ツール

[長方形ツール]や[ペンツール]で引いたパスを選択したり、アンカーポイントを個別で選択して移動することができます。ツールバーから[パス選択ツール]を選択するか、[ペンツール]で[command]([Ctrl])キーを押して使用します。

既存のパスやアンカーポイントを選択できる

アンカーポイントの切り替えツール

ハンドルを片方だけ角度・長さを変更したり、ハンドルを削除したり、新しく作成したりすることができます。ツールバーから[アンカーポイントの切り替えツール]を選択するか、[ペンツール]で[option]([Alt])キーを押して使用します。

ハンドルの切り替えができる

TIPS

シェイプとパスの扱い方は、実際に使用してみないとなかなかコツをつかみにくいものです。シェイプとパスの基本を練習できる特典のドリル（詳細は36ページ）を使って練習しましょう。

STEP 5

スマートオブジェクトの基本を知ろう

スマートオブジェクトはピクセルを失わずに変形や補正ができる、写真を扱うデザインでは欠かせない機能です。

■ スマートオブジェクトってどんなもの?

Photoshopでデザインを作る際、写真をレイアウトのために拡大・縮小・変形させながら試行錯誤していきます。画像のサイズを変更したり、補正をかけて色や明るさを変更することは、ピクセルの数を減らしたり、色を塗り変えるということで、一度変更すると基本的に元に戻すことはできません。それを解決してくれるのが[スマートオブジェクト]です。

縮小や拡大によって画像が劣化しないスマートオブジェクトはデザイン制作の強い味方

■ スマートオブジェクトの基本

レイヤーパネルで右クリックして[**スマートオブジェクトに変換**]をクリックすると、レイヤーがスマートオブジェクトになり、その時点のレイヤー情報をPSDの中に保存してくれます。

スマートオブジェクトに変換した中身を見てみよう

変換したレイヤーのスマートオブジェクトのアイコンをダブルクリックすると、ファイルが開きます。タブを見ると、[**レイヤー0.psb**]というファイル名になっています。この[**レイヤー0.psb**]が、先ほど[**スマートオブジェクトに変換**]したときに作られたスマートオブジェクトの中身です。[**command**]([Ctrl])+[**W**]キーを押すとスマートオブジェクトの中身が閉じます。このファイルはどこにも存在せず、PSDデータの中に内包されています。

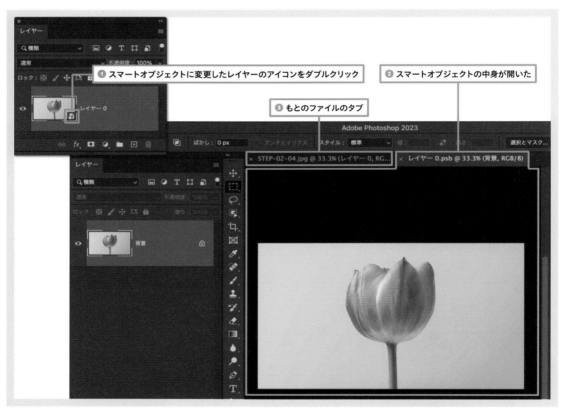

スマートオブジェクトの中身は編集可能。
この状態で中身を編集し、[command]([Ctrl])+[S]キーを押して保存すると編集内容がスマートオブジェクトに反映される

このスマートオブジェクトのレイヤーを一度、ごく小さいサイズに縮小してから、再度拡大して実際に劣化が生じないかを確認してみましょう。

左図はスマートオブジェクトに変換せず縮小して、その後拡大した画像、右図がスマートオブジェクトに変換後に縮小して、その後拡大した画像です。左図は画像全体がぼやけてしまっているのに対し、右図はまったく荒れていません。

スマートオブジェクトに変換せず、縮小の後に拡大した画像

スマートオブジェクトに変換して、縮小の後に拡大した画像

これがスマートオブジェクトの機能です。どんなにレイヤーを変形させても画質が荒れないのは、スマートオブジェクトの中身の[**レイヤー0.psb**]から参照しているためです。

COLUMN　スマートオブジェクトを解除する

[レイヤーパネル]でスマートオブジェクトを選択して、[プロパティパネル]の[レイヤーに変換]をクリックすると、スマートオブジェクトの中身が[レイヤーパネル]に展開されます。スマートオブジェクトに対して変形を行っていた場合、変形を解除するか、変形を保持する代わりに通常レイヤーに変換するかを選べます。

COLUMN　スマートオブジェクトの中身の形式のちがい

スマートオブジェクトの中身のファイル形式は、変換したときの状況によって変わります。Photoshopでレイヤーを選択して［スマートオブジェクトに変換］すると、PSD、PSBのようなPhotoshopのファイル形式になります。LEVEL 0のSTEP 2の環境設定で［配置時にスマートオブジェクトを常に作成］にチェックが入っている場合、カンバスやアートボードにドラッグして配置したJPG、PNG、GIFなどの画像のスマートオブジェクトの中身は、元画像と同じファイル形式（JPG、PNGなど）として配置されます。

COLUMN　スマートオブジェクトの特徴

スマートオブジェクトに変換すると、拡大・縮小や変形はできても、ブラシで何かを描きこんだり、消しゴムで消したりといった「ピクセルに変更を加える」ことができなくなります。逆に言えば、うっかりレイヤーに変更を加えてしまうことがありません。
ブラシで何かを描き足したいときは、新規レイヤーを作成して重ねる、色を変えるときは調整レイヤーを使うなど、やり方次第でこのデメリットは解消することができます。
この本の中では「ピクセルの情報を失わない、再編集しやすい」ことを重視して、写真などは基本的にスマートオブジェクトに変換して作業しています。

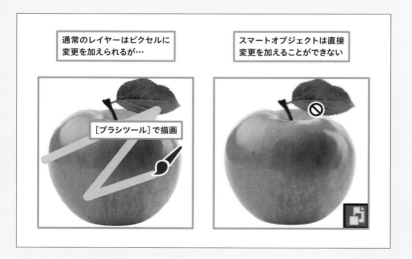

STEP 6

選択範囲で
できること

このSTEPで使用する
主な機能

長方形選択ツール

パスパネル

クイックマスクモード

選択範囲の保存

選択範囲は、「レイヤーの一部をマスクして隠す」「一部に色調補正をかける」などレイヤーの一部に対して変化を加えたいときに必要となる機能です。

■ 操作の対象を決める選択範囲

写真補正やイラスト制作を行う際、「レイヤーのこの部分のみ操作をしたい」というシーンでPhotoshopに「操作を行うのはこの部分です」と伝えるための機能が選択範囲です。

■ 選択範囲の基本

選択範囲には、長方形や楕円などの形状で選択する[**長方形選択ツール**]や[**楕円形選択ツール**]、指定したい範囲をドラッグやクリックで囲み選択する[**なげなわツール**][**多角形選択ツール**][**マグネット選択ツール**]、色や形から選択する[**自動選択ツール**]など、さまざまなツールが用意されています。

Photoshopの基本を知ろう

LEVEL
2

1

0

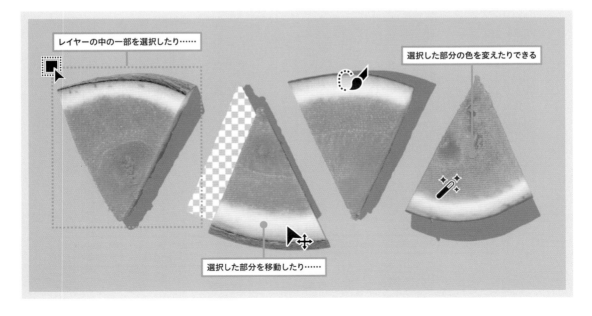

レイヤーの中の一部を選択したり……

選択した部分の色を変えたりできる

選択した部分を移動したり……

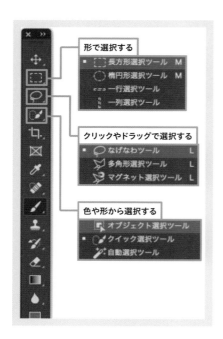

何を選択したいかによって、使う選択ツールが異なります。色を基準に選択したいのか、オブジェクトを基準に選択したいのかによって使い分けるとよいでしょう。

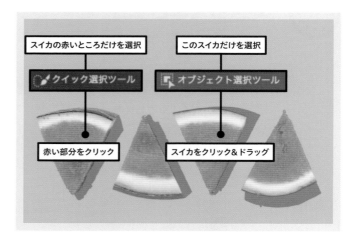

 TIPS 作成した選択範囲は変更可能

選択ツールを選択した状態で［shift］キーを押しながらクリックすると選択範囲を増やすことができ、［option］（［Alt］）キーを押しながらクリックすると選択範囲を減らすことができます。

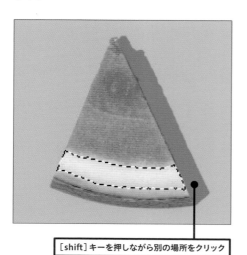

［shift］キーを押しながら別の場所をクリック

選択範囲が増えた。この状態で［Alt］キーを押しながら同じ場所をクリックすると、選択範囲を減らすことができる

COLUMN

ツールバーから［オブジェクト選択ツール］［クイック選択ツール］［自動選択ツール］を選択
しているときは、オプションバーからPhotoshopが自動で被写体を選択してくれる「被写体
を選択」を使用できます。［被写体を選択］は、アップデートの度に精度が上がり、今では
髪の毛など細かいところまで選択できます。人物などの選択範囲をサッと作りたいときに便
利な機能です。LEVEL 3のSTEP 8「レイヤーマスクで切り抜きしよう」（119ページ）で、［被
写体を選択］を使っているので挑戦してみましょう。

［被写体を選択］をクリックしただけで、
自動で複雑な選択範囲が作成された

■ パスやシェイプから選択範囲を作る

［**ペンツール**］や［**長方形ツール**］でパスやシェイプを作
成すると、［**パスパネル**］にパスが作成されます。目的の
パスを選択し、パネル下の［**パスを選択範囲として読み
込む**］■をクリックすると、パスやシェイプを利用して選
択範囲を作ることもできます。複雑な形をした選択範囲
を作りたいときに便利な機能です。

作成したパス、またはシェイプ

［パスを選択範囲として読み込む］を
クリックして、選択範囲を作成できる

■ 選択範囲の確認に便利な「クイックマスクモード」

選択範囲は通常、黒い点線で表示されますが、エッジの細かいところの選択は見えにくくなります。選択範囲を作成し、ツールバー下の[**クイックマスクモードで編集**]をクリックすると、選択範囲のみが通常の色味で表示されます。範囲外は半透明の色が重なって表示されるため、より細かなところまで確認できます。この状態で[**ブラシツール**]を使って選択範囲を修正することもできます。[**描画色：#000000**（黒）]で描くと選択範囲外になり、[**描画色：#ffffff**（白）]で描くと選択範囲を広げることができます。

再度ツールバー下の[**クイックマスクモード**]をクリックすると、選択範囲状態に戻ります。

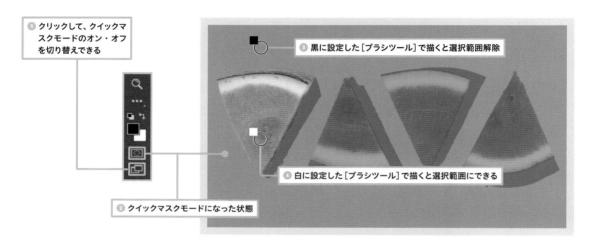

❶ クリックして、クイックマスクモードのオン・オフを切り替えできる

❸ 黒に設定した[ブラシツール]で描くと選択範囲解除

❹ 白に設定した[ブラシツール]で描くと選択範囲にできる

❷ クイックマスクモードになった状態

TIPS

クイックマスクモードで選択範囲外を表す色は、初期設定では赤い色ですが、上の図ではスイカの色を判別できるよう、ツールバー下の［クイックマスクモード］をダブルクリックして、[クイックマスクオプション]からカラーピッカーを表示して青色に変更しています。

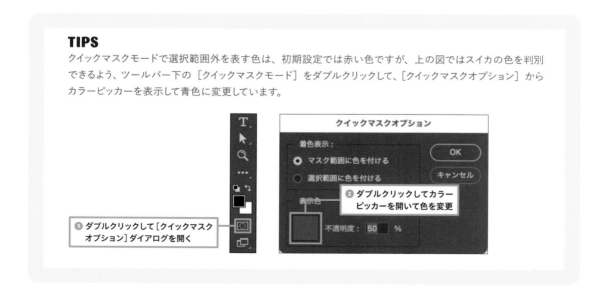

❶ ダブルクリックして[クイックマスクオプション]ダイアログを開く

クイックマスクオプション

着色表示：
○ マスク範囲に色を付ける
○ 選択範囲に色を付ける

OK
キャンセル

❷ ダブルクリックしてカラーピッカーを開いて色を変更

表示色
不透明度： 50 ％

■ 選択範囲を保存する

作成した選択範囲は、[**チャンネルパネル**]を開き、パネル下の[**選択範囲を保存**]をクリックして保存できます。[**アルファチャンネル**]というチャンネルが新規で作成され、選択範囲のところが白く、選択範囲外は黒く表示されています。この[**アルファチャンネル**]を選択し、[**チャンネルパネル**]下の[**チャンネルを選択範囲として読み込む**]を押すと、保存した選択範囲を読み込むことができます。[**RGB**]を選択して画像で確認してみましょう。

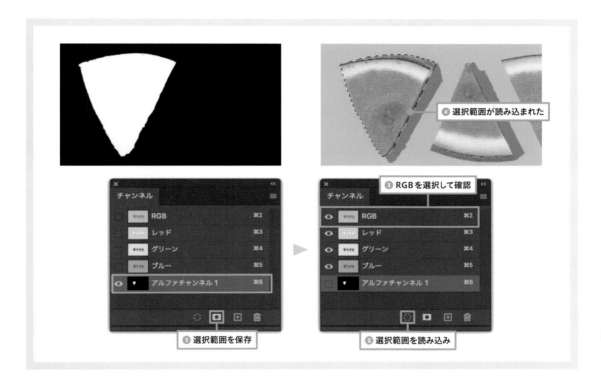

STEP 7

マスクを使って できること

デザインの中で写真の一部だけを使用したいとき、不要な箇所を［消しゴムツール］などで削除してしまうと、修正が発生したときに対応が難しくなります。マスクを使っていらない部分を隠すことで再編集しやすいデータを作ることができます。

■ レイヤーやフィルターを部分表示させるマスク機能

マスクとは、レイヤーの「必要な部分だけ」を表示させる機能です。非表示にしたい部分を削除するのではなく隠して表示します。また、［消しゴムツール］で編集できないテキストやシェイプ、スマートオブジェクトを部分的に表示させるためにもマスクは欠かせない存在です。

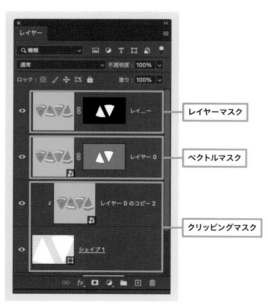

レイヤーマスク

ベクトルマスク

クリッピングマスク

マスクの種類によって［レイヤーパネル］での表示が異なります

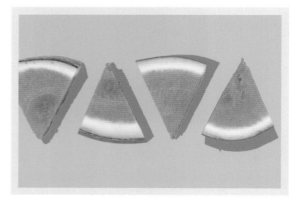

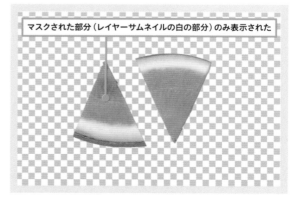

マスクされた部分（レイヤーサムネイルの白の部分）のみ表示された

■ マスクの基本

マスクには「レイヤーマスク」「ベクトルマスク」「クリッピングマスク」の3種類があり、それぞれに向いている用途が異なります。

	レイヤーマスク	ベクトルマスク	クリッピングマスク
マスクの指定	白が表示・黒が非表示	パスで囲んだところを表示	親レイヤーの表示部分
向いているもの	ふんわりと、はっきりが混合したもの	形がはっきりしたもの	何でもOK
マスクできる数	1レイヤー（またはフォルダ）	1レイヤー（またはフォルダ）	何レイヤーでもOK
弱点	拡大縮小するとマスクが荒れる	硬い質感と柔らかい質感が混在する素材	迷子になりやすい
主な設定方法	レイヤーパネル下の ◘ を選択	［ペンツール］、［長方形ツール］など	レイヤーパネルから［クリッピングマスクを作成］を選択

レイヤーマスク

レイヤーマスクを設定するとレイヤーサムネールの右に、レイヤーマスクサムネールが表示されます。隠したい箇所を[**ブラシツール**]の黒、表示したい箇所を白で塗り分けます。グレーは濃度に合わせた不透明度になります。透明度の表現ができるため、フワッとしたマスクにも向いています。あらかじめ選択範囲を作成してから[**レイヤーパネル**]で[**レイヤーマスク**]を選択して、マスクを作成できます。

■ レイヤーマスクでできること

レイヤーマスクは3種類のマスクの中では一番汎用性が高く、使い勝手のよいマスクです。写真の部分的な切り抜き以外にも、色調補正を部分的にかける、テキストやシェイプに効果を加えるなど、さまざまなことに利用できます。1つのレイヤーに1つのレイヤーマスクしか追加できませんが、グループに対してもレイヤーマスクを追加でき、同じマスクをかけたいレイヤーをまとめて作業を効率化できます。

柔らかい表現とはっきりした表現、どちらも可能

マスクをかけて部分的に
色調補正する

テキストに加工を加える

■ レイヤーマスクの弱点

さまざまな用途に使えるレイヤーマスクですが、拡大・縮小に弱いという弱点があります。白と黒の塗り分けで作成されるレイヤーマスクは、ブラシで描いた状態と変わりがなく、拡大・縮小するとピクセルの情報を失って画質が粗くなってしまいます。「レイヤーマスクをかけたあとは大幅なサイズ変更を避ける」「レイヤーマスクをかけた状態でスマートオブジェクトに変更する」など、対策して使用するようにしましょう。

ベクトルマスク

ベクトルマスクは、表示したいところを[長方形ツール]や[ペンツール]などを使ってパスで囲んで作成します。形のはっきりとしたものや、背景の色と被写体が同化して選択範囲を作りにくい場合などに向いています。見た目が似ているため、レイヤーマスクと混同されることがありますが、ベクトルマスクはマスクサムネールがグレーになっていることがポイントです。

■ **ベクトルマスクでできること**

ベクトルマスクは[**パス**]を使って作成するため、マスクの形を変更しやすいというメリットがあります。また、レイヤーマスクと違い、拡大・縮小してもマスクサムネールの画質が荒れません。

はっきりした表現が得意だが、全体的にふんわりさせることは可能

マスクサムネールはグレー

クリッピングマスク

[**レイヤーパネル**]で下にあるレイヤーの表示領域を利用して、その上にあるレイヤーをマスクする機能です。

クリッピングマスクは、これまでの2つのマスクとは異なり、「あるレイヤーを親として子レイヤーを親レイヤーの表示領域にマスクする」と考えるとよいでしょう。
通常レイヤーやテキストレイヤーなど、どんなレイヤーでもマスクの親になることができます。複数のレイヤーを一度にマスクできる使い勝手のよいマスクです。

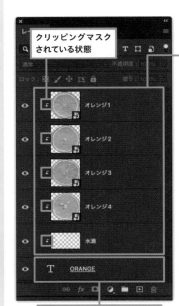

クリッピングマスク
されている状態

マスクされるレイヤーを選択した状態で右クリックし、[クリッピングマスクを作成]を選択

すべてのオブジェクトをマスク

スマートオブジェクトに変換

レイヤーをラスタライズ
レイヤースタイルをラスタライズ

レイヤーマスクを使用
ベクトルマスクを使用しない

クリッピングマスクを作成

レイヤーをリンク

マスクになるレイヤー
（どんな種類のレイヤーでも可）

クリッピングマスクがかかり、テキストの範囲にのみ、オレンジのレイヤーが表示された

特典ドリルのPDFでは、
マスクの練習課題を用意しています。
LEVEL 3の作例前に
試してみましょう

LEVEL 2

STEP 8

⏱ 10分

写真の補修と加工にまつわる機能

このSTEPで使用する
主な機能

- パッチツール
- 修復ブラシツール
- コンテンツに応じて拡大・縮小
- コピースタンプツール

Photoshopには、写真の小さな傷や、映り込んでしまった不要なものを補修・加工する機能がたくさん用意されています。自動で判定して補修してくれる機能、補修に使用するところを選択して補修する機能など、状況に合わせて使い分けましょう。

■ 写真の補修の基本

Photoshopの写真補正ツールは、「写真の中にある情報を使って」不要な部分を塗りつぶしたり、足りない部分を補っています。さまざまな補修ツールがありますが、各ツールの違いは、写真の中にある情報をどのように指定するかというところにあります。68ページから、[A][B]パターンに分けていくつかの機能を詳しく紹介します。

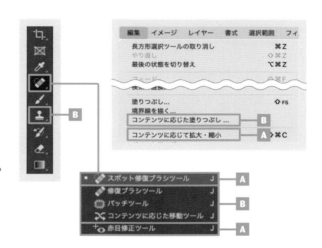

A 指定した部分を自動判別して、自動で塗りつぶしてくれる
B 参照元を選択して、指定したところを自動・手動で塗りつぶす

■ オリジナル写真を直接補修するのは避けよう

補修ツールは前述した通り、「不要な部分を塗りつぶして補正する」機能のため、レイヤーのピクセル情報を直接変化させてしまい、元に戻したり再度編集することが難しくなります。それを防ぐための機能が、オプションバーで選択できる「全レイヤーを対象」または「すべてのレイヤー」です。この部分にチェックを入れることで、全レイヤー情報を参照しながら、新規レイヤーに補修内容

Photoshopの基本を知ろう

LEVEL 2

1

0

を描画することができ、元写真の情報を変化させずに、写真を補修することができます。

この方法を使えば、レイヤーを直接変更できないスマートオブジェクトでも、補修が可能です。直接、スマートオブジェクトに補修ツールを使用すると、ラスタライズ(スマートオブジェクトから通常のレイヤーに変換する)の有無を確認されますが、この方法ならラスタライズの必要はありません。

COLUMN

ただし、[赤目修正ツール][コンテンツに応じて拡大・縮小]は、新規レイヤーに描画する方法が使えません。これらの機能を使用するときは、直接レイヤーを変更させる必要があります。

A 指定したところを自動的に補修する機能

スポット修復ブラシツールと赤目修正ツール

ツールバーにある[**スポット修復ブラシツール**][**赤目修正ツール**]は、修正したいところをカーソルでクリックするだけで、周囲の情報を元にPhotoshopが自動で補正して塗りつぶしてくれる機能です。

[**赤目修正ツール**]はストロボの光を受けて目が赤くなってしまった写真に有効です。

[**スポット修復ブラシツール**]は、模様などがなく、周囲に同じような情報が多い場合に簡単に使える補修ツールです。写真を補修する場合は[**種類：コンテンツに応じる**]で試してみましょう。

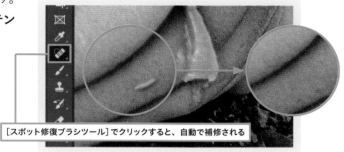

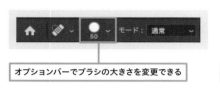

オプションバーでブラシの大きさを変更できる

[スポット修復ブラシツール]でクリックすると、自動で補修される

コンテンツに応じて拡大・縮小

拡大・縮小したいレイヤーを選択し、[**編集**]メニューから[**コンテンツに応じて拡大・縮小**]を選択します。バウンティングボックスのハンドルを選択し、ドラッグすると、Photoshopが被写体を自動で判別して、背景となる部分だけを拡大・縮小してくれます。

❶[コンテンツに応じて拡大・縮小]で画像をドラッグ

被写体はそのまま

❷背景のみが拡大・縮小された

B 参照元を指定して自動・手動で塗りつぶして補修する機能

修復ブラシツール

参照したい部分をまず、[**option**]([Alt])キーを押して表示される十字のカーソルでクリックして選択し、その後、修復したい箇所をブラシでなぞると、参照箇所の情報で塗りつぶしてくれます。

069

［**option**］（［Alt］）キーを押すと十字カーソルに変化して、参照元を再設定できるため、塗りつぶしたいところに近いテクスチャを見つけて、少しずつ補修していきます。

ブラシのサイズ、硬さが調整可能。補修したい場所に合わせて使い分ける

❶［修復ブラシツール］で参照したい部分をクリック

❷塗りつぶしたい部分をクリック

TIPS

LEVEL 3のSTEP 11「写真の見切れた部分を付け足してみよう」では［コンテンツに応じた塗りつぶし］、STEP 12「ビルの電線を消してみよう」では［スポット修復ブラシツール］［パッチツール］［コピースタンプツール］を使用した作例を紹介しています。

コンテンツに応じた移動ツール

移動したいオブジェクトをぐるっとドラッグして囲み、移動させます。通常、選択範囲を移動させると元の領域は空白になりますが、Photoshopがまわりの情報から自動で生成して補修してくれます。

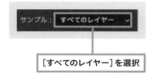

［すべてのレイヤー］を選択

❶［コンテンツに応じた移動ツール］でドラッグ

❷移動したあとの背景が自動で補修された

コンテンツに応じた塗りつぶし

不要なものや写真に付け足したい部分を選択範囲で囲み、［編集］メニューから［**コンテンツに応じた塗りつぶし**］を選択すると設定ウィンドウが立ち上がります。プレビューを確認しながら、参照したいところ・したくないところをブラシで塗り分けると、自然な状態で塗りつぶされます。

コピースタンプツール

最初にどの部分を参照するか、［**option**］（［Alt］）キーを押すと変化する⊕のカーソルでクリックして決定し、塗りつぶしたい部分をブラシで塗って描画します。［**修復ブラシツール**］に似た機能ですが、［**コピースタンプツール**］は、ポンポンとスタンプを押して修正していくイメージです。［**修復ブラシツール**］と似ていますが、周囲と馴染ませる効果は入りません。

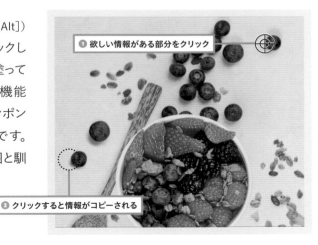

LEVEL
2

1

0

このSTEPで使用する
主な機能

色調補正

調整レイヤー

Camera Raw フィルター

STEP 9

写真の色調補正について知る

Photoshopは「写真屋さん」という名の通り、写真を補正するための多くの機能を揃えています。その中でも、明るさや色味を変更する［色調補正］は、写真の印象を左右するとても大事な機能です。全体的に色を補正する、部分的に補正するなど、目的に合わせて機能を使い分けましょう。

■ 色調補正をする際に考えること

写真の補正は単に「明るく」または「暗く」すればよいというものではありません。「今どのような状態か」を確認し、「どんなイメージにしたいのか」という明確な方針を立てることが大事です。まずは「商品がしっかり見えるように明るくしたい」「全体的な雰囲気を楽しげにしたい」「女性の肌を美しく見せたい」といった「○○を□□にしたい」という方向性を決め、目的に合わせてどのツールを使うかを決めます。

明るさや色には、それぞれ「印象」があります。例えば左は「静かな・透明感のある・ひんやりとした」印象、右は「じっとりとした・鮮やかな・虫や鳥の声が聞こえそうな」というような印象を受けるのではないでしょうか。写真の明るさや色を調整するだけで、印象を変えることができます。

全体ではなく部分で見る

補正の方向性を決めた後は、どのように補正するか考えます。このとき、一度の補正でやろうと思わないことが大事です。次の写真で「デスクの上がよく見えるように明るくしたい」と考えたとき、全体を明るくしただけでは、もともと明るいところが白くつぶれてしまいます。「どの部分が暗いのか」ということをよく見て考えて、補正の方法を選んでいきます。

全体を明るくししたもの

全体と暗いところを分けて補正したもの

■ 色調補正の基本

Photoshopで色調補正する方法は大きく2つのグループに分かれます。レイヤーを直接変化させるものと、調整用のレイヤーが作成されるものです。実際に2通りの色調補正の過程を見てみましょう。

A レイヤーを直接変化させる

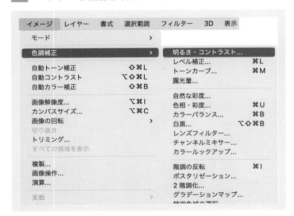

[イメージ]メニューの[色調補正]から選択すると、レイヤーを直接変化させて色調補正される

B 調整レイヤーを使ってレイヤーを変化させる

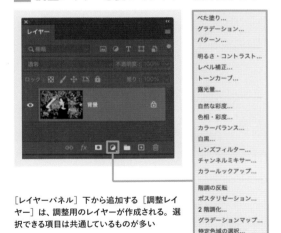

[レイヤーパネル]下から追加する[調整レイヤー]は、調整用のレイヤーが作成される。選択できる項目は共通しているものが多い

A レイヤーを直接変化させる色調補正

色味や鮮やかさを調整する[**色相・彩度**]を変更してみます。[**イメージ**]メニューの[**色調補正**]→[**色相・彩度**]を選択して設定ウィンドウを開きます。

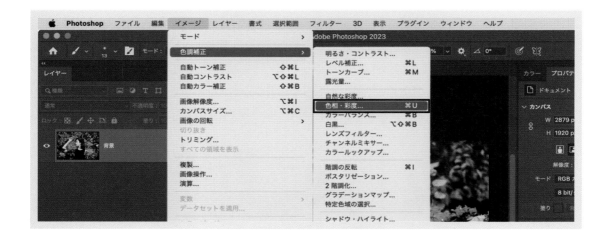

真ん中の[彩度]のメモリを左側にドラッグで移動させると、写真の鮮やかさが減っていきます。適当なところで[OK]をクリックして決定します。

カンバスに戻ると、[背景]レイヤーそのものの色が変化して、色調補正前より色の鮮やかさが減っていることがわかります。これがレイヤーを直接変化させる色調補正です。

❶ 彩度を下げると…

❷ 写真の鮮やかさが減った

TIPS

色調補正には、[色相・彩度]以外にも、明るさとコントラストを調整する[レベル補正][トーンカーブ]などさまざまな機能があります。

COLUMN　スマートオブジェクトを利用する

この方法で色調補正をすると、デザインを進めたあとで、色を元に戻すことが容易ではありません。

写真をスマートオブジェクトにした状態で［色調補正］のメニューを適用すると、レイヤーに［スマートフィルター］が追加されます。直接変更を加えることができないスマートオブジェクトに、擬似的に［スマートフィルター］というフィルターをかけて補正を適用しているため、元の色味に戻すことも簡単です。

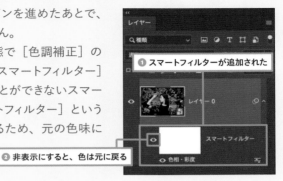

① スマートフィルターが追加された

② 非表示にすると、色は元に戻る

B 調整レイヤーを使ってレイヤーを変化させる

今度は同じ画像を調整レイヤーを使って補正してみます。［**レイヤーパネル**］下にある［**塗りつぶしまたは調整レイヤーを新規作成**］をクリックして、**A** で行ったのと同じ［**色相・彩度**］をクリックします。

［**レイヤーパネル**］に新しいレイヤーが追加され、［**プロパティパネル**］が［**色相・彩度**］の設定パネルになりました。

① 調整レイヤーが追加され、プロパティパネルが変化した

② 彩度を下げると…

③ 写真の鮮やかさが減った

この追加されたレイヤーが[**調整レイヤー**]です。[**プロパティパネル**]で彩度のスライダーを左に移動させて鮮やかさを下げます。

の色調補正と違って設定ウィンドウが開いているわけではないので、[**OK**]ボタンがありません。[**レイヤーパネル**]で[**調整レイヤー**]を選択すると、選択している間は[**プロパティパネル**]で何度でも調整できます。

COLUMN　調整レイヤーの特徴

[レイヤーパネル]で、[色相・彩度]のレイヤーを非表示にすると、カンバスは元の写真の色に戻ります。調整レイヤーはこのように、自分より下にあるレイヤーに対して明るさや色を変化させるライトのような存在です。写真のレイヤーを直接変化させないので、デザイン作業の中でも何度でも再編集できます。

[調整レイヤー]の影響

新規レイヤーに赤色で線を描画。レイヤーを[色相・彩度]の下に移動すると、彩度の低い色に変化した

一方で、調整レイヤーは「自分よりも下にいるレイヤーすべてに影響する」ため、レイヤーの順番によって見え方が変化してしまいます。複数のレイヤーに影響するため、一気に色を変更したいというときに活躍してくれますが、調整レイヤーが他の意図せぬレイヤーに影響を及ぼしていないか、注意が必要です。[レイヤーパネル]をしっかり確認しながら作業しましょう。調整レイヤーをクリッピングマスクすることで、特定のレイヤーにだけ効かせることもできます。その場合、下のレイヤーには影響しません。

写真の現像のように色調補正できるCamera Rawフィルター

写真を色調補正するもう1つの方法が[**Camera Rawフィルター**]です。名前の通り、デジタルカメラで撮影した[**Rawデータ**]を現像するための機能をフィルターとして使えます。[**色調補正**]の機能が1つにまとまったと言っていいほど多機能で、補正の項目が直感的でわかりやすい一方で、動作が重いというデメリットもあります。[**Camer Rawフィルター**]は A 同様、レイヤーを直接編集してしまうため、スマートオブジェクトに変換してから使用するのがおすすめです。

[フィルター]メニュー→[Camera Rawフィルター]を選択して表示する

TIPS
[Camera Rawフィルター]はLEVEL3のSTEP 7「写真の明るさを変更しよう」(115ページ)で詳しく紹介しています。

Photoshopの基本を知ろう

LEVEL
2

1

0

077

LEVEL 2

STEP 10

15分

テキストの入力方法
をマスターしよう

このSTEPで使用する
主な機能

横書き文字ツール

縦書き文字ツール

文字パネル

段落パネル

情報を伝えるためのデザインに必要不可欠なテキスト。Photoshopには、基本の横書きと縦書きの他、パスを利用して曲線に文字を描くなど、さまざまな機能が用意されています。

■ 縦書き、横書き、パス上テキストなどさまざまな表現が可能

ツールバーから［横書き文字ツール］または
［縦書き文字ツール］を選択して使用する

■ テキストの基本とポイントテキスト

基本のテキストツールは［横書き文字ツール］［縦書き文字ツール］の2つです。入力の方法によって［ポイントテキスト］［段落テキスト］［パス上テキスト］に分類されます。

●ポイントテキスト

カンバスをクリックしてそのまま文字を入力する。改行は［return］（［Enter］）キー、入力を終了するには［command］（［Ctrl］）＋［return］（［Enter］）キーを押す。

改行しない限りずっと右に続いていく

●入力済みのテキストを編集する場合

入力済みのテキストにカーソルを近付けて表示が変わったらクリックして編集する

●段落テキスト

最初にテキストの範囲を決めて入力。範囲の中でテキストは自動で折り返す

●パス上テキスト

パスの形に沿って並べる

段落テキスト

［**文字ツール**］でカンバスをドラッグしてあらかじめ入力するエリアを決めて入力します。テキストはエリア内で自動で折り返しされ、文字の量がエリア外に超えた場合、エリア外の文字は表示されず、右下に⊞マークが表示されます。

パス上テキスト

パスをあらかじめ作成し、パスに沿ってテキストを並べることができるテキストです。

TIPS

LEVEL 4 の STEP 12「SNS用告知画像を作ろう」（176ページ）では、段落テキストの入力、STEP 5「クリスマスケーキのバナーを作ろう」（218ページ）ではパス上テキストを使った作例を紹介しています。

■ 入力するテキストの設定を変更する文字パネル

［**文字パネル**］ではテキストの設定を細かくカスタマイズできます。

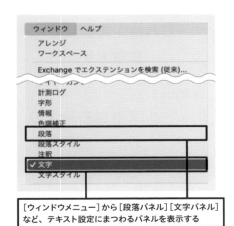

［ウィンドウメニュー］から［段落パネル］［文字パネル］など、テキスト設定にまつわるパネルを表示する

クリックしてパネルメニューを表示

❶ フォントの種類を設定
❷ フォントスタイルを設定
❸ フォントサイズを設定
❹ 行送り（文字の高さ+次の行までの高さ）を設定
❺ 文字間のカーニング（間隔）を設定
❻ トラッキング（選択した文字全体の文字間）を設定
❼ 垂直比率を設定
❽ 水平比率を設定
❾ ベースラインシフトを設定

Photoshopの基本を知ろう

LEVEL
2

1

0

● ［文字パネル］で調整したテキスト

文字と文字の間を調整（⑤）

文字サイズに対しての大きさの比率（⑦、⑧）

行送り（④）

ベースライン（⑨）

選択した文字全体の文字間を調整（⑥）

美しい日本

日本の夏は
とても暑い

ほ の ぼ の 子 育 て

■ テキスト位置や改行の設定を変更する段落パネル

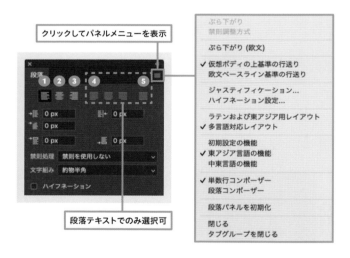

クリックしてパネルメニューを表示

段落テキストでのみ選択可

ぶら下がり
禁則調整方式

ぶら下がり（欧文）

✓ 仮想ボディの上基準の行送り
欧文ベースライン基準の行送り

ジャスティフィケーション...
ハイフネーション設定...

ラテンおよび東アジア用レイアウト
✓ 多言語対応レイアウト

初期設定の機能
✓ 東アジア言語の機能
中東言語の機能

✓ 単数行コンポーザー
段落コンポーザー

段落パネルを初期化

閉じる
タブグループを閉じる

テキストに関連するもう1つのパネルが［段落パネル］です。テキスト位置を揃えたり、改行や禁則処理を設定することができます。

❶ 左揃え

これは左揃えの
文章です

❷ 中央揃え

これは中央揃えの
文章です

❸ 右揃え

これは右揃えの
文章です

❹ 段落テキストエリア内にテキストを均等配置し、最終行のみ左揃え

Photoshopの文字揃えは7つの中から選ぶことができます。これは均等配置最終行左揃えです。

❺ 段落テキストのエリア内で両端揃え

これ は 両 端 揃 え で す

COLUMN　カーニングとトラッキング

［文字パネル］の設定の中で混乱しやすいのがカーニングとトラッキングです。どちらも文字の間隔を調整するものですが、用途に違いがあります。

文字の形はそれぞれ特徴があり、幅が広い文字もあれば、狭い文字もあり、上下それぞれが空いている文字もあります。そのため、隣り合う文字によっては、間が不自然に空いて見えたり、窮屈に見えたりします。そういった「隣り合った文字の間の間隔」を調節するのがカーニングです。

また、あえてゆったりと文字間を空けて並べ、落ち着いた雰囲気や静けさを演出することもできます。そういった「段落、文章全体の文字間」を調整するのがトラッキングです。

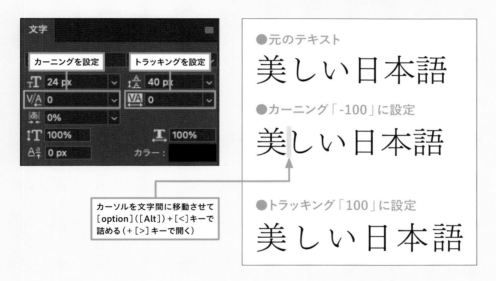

カーソルを文字間に移動させて［option］（［Alt］）＋［<］キーで詰める（＋［>］キーで開く）

COLUMN　［メトリクス］と［オプティカル］のちがい

［文字パネル］でカーニングのメニューを開くと、［メトリクス］［オプティカル］が選べます。［メトリクス］は、フォントが持つカーニングの情報を使って文字間を調節するものです。「カーニング情報」とは、フォント制作者が「この文字が隣り合ったときはこの文字間がいいだろう」と設定している情報で、すべてのフォントが持っているわけではありません。一方［オプティカル］は、フォントのカーニング情報ではなく、Photoshopが独自で文字間を判断して、調整します。

[メトリクス] がある場合はそちらを優先し、さらに文章や単語に合わせて手動で調整する、という方法がおすすめです。メトリクスを選んでも何も変化がない場合は、カーニング情報がない可能性が高いため、オプティカルを選択してもよいでしょう。

少し難しい話なので
実際に試して
実感してみよう

設定なし	テキスト
メトリクス	テキスト
設定なし	テキスト
オプティカル	テキスト

 TIPS 手動でカーニングを調節すると崩れてしまう場合

カーニングを [メトリクス] に選択し、そこから手動でカーニングを調整しようとすると、触っていない部分がガタガタと動いてしまう現象が起きることがあります。
メトリクスは、以下2つの組み合わせによって文字が詰まるようになっています。

❶ 同じ箱に入っている文字を、それぞれサイズに合わせた横幅に変更する
❷ 隣り合った文字の組み合わせのカーニングを調整する

設定なし

ガタガタと動いてしまう

メトリクスの状態で、手動カーニング調整したときに文字が崩れてしまうのは、❶が解除されてしまうためです。これを解決するためには、テキストレイヤーを選択し、［文字パネル］のパネルメニューから［OpenType］→［プロポーショナルメトリクス］にチェックを入れます。

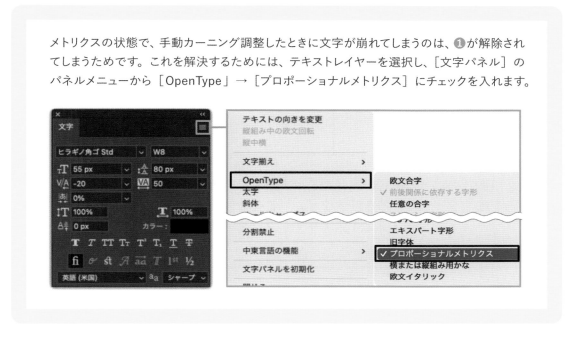

■ Adobe Fonts の使い方

Adobe Fonts はアドビが提供するフォントサービスで、Adobe Creative Cloud のいずれかのプランに加入していれば使うことができます。提供されているフォントは、バナーや印刷物のデザインで使用する用途だけでなく、ウェブフォント（サーバーにあるフォントを読み込んでブラウザで表示させる）としても利用できます（2023年4月現在）。使用前にしっかり利用規約を確認しましょう。

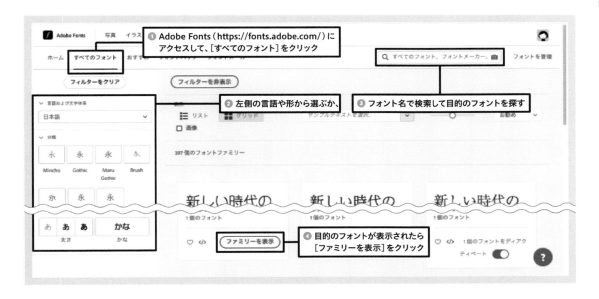

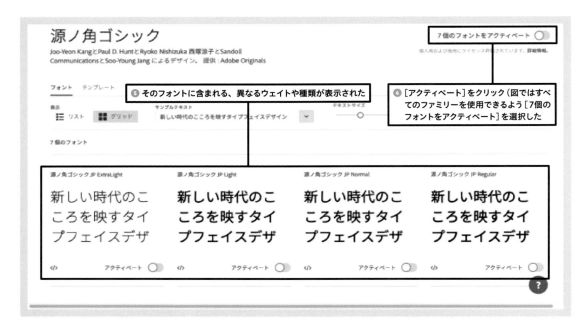

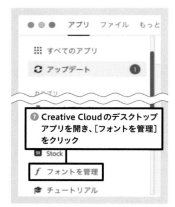

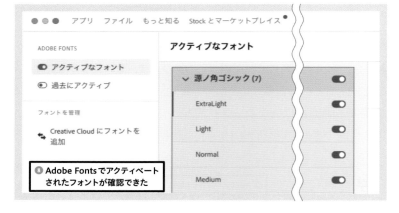

この状態で[**文字パネル**]を確認してみましょう。フォントの選択画面でCreative Cloudのアイコンをクリックすると、Adobe Fontsからアクティベートされたものだけが表示されました。

デザインの中でテキストが占める割合は多く、印象を大きく左右します。かっこいい、かわいい、高級感など、見た目の印象にもこだわって選びましょう。

STEP **11**

（15分）

フィルター機能と
レイヤースタイル

レイヤーの状態を変化させて効果を付けてくれるフィルター
やレイヤースタイルを使いこなすとデザインの幅が広がりま
す。

■ フィルターの基本

[**フィルター**]メニューから選ん
で適用できるフィルター機能を
使うと、手軽に画像のタッチを
変更できます。レイヤーに直接
フィルターをかけることも可能
ですが、スマートオブジェクト
に変換したレイヤーにフィル
ターをかけることで[**スマート
フィルター**]として適用され、何
度でも変更することが可能にな
ります。ここでは、使用頻度
の高いフィルターを抜粋して
紹介します（STEP 9で紹介した
[Camera Rawフィルター]も使い勝
手のよいフィルターの1つです）。

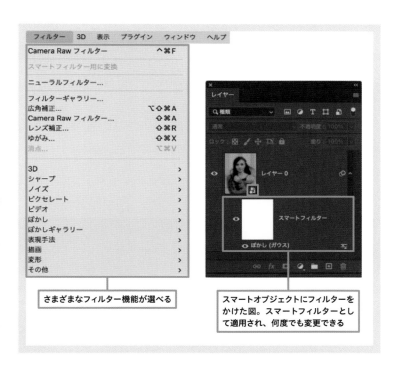

さまざまなフィルター機能が選べる

スマートオブジェクトにフィルターを
かけた図。スマートフィルターとし
て適用され、何度でも変更できる

Photoshopの基本を知ろう

LEVEL
2

1

0

ニューラルフィルター

アドビの人工知能、Adobe Senseiを利用したフィルターです。これまで手作業で行っていた2枚の
写真の色を合わせる[**調和**]や、被写体からの距離を加味してぼかしをかけられる[**深度ぼかし**]、
白黒写真の色を復元してくれる[**カラー化**]など、写真の加工に関するフィルターを選ぶことができ
ます。

［フィルター］メニューから［ニューラルフィルター］を選ぶと表示される［ニューラルフィルターダイアログ］。項目を選ぶと自動で補正される

TIPS

ニューラルフィルターの［深度ぼかし］は LEVEL 3 の STEP 14「写真の背景をぼかしてみよう」（163 ページ）で紹介しています。

ゆがみ

レイヤーの一部をブラシでなぞり、部分的に収縮・膨張させたり、回転してゆがませたりするフィルターです。レイヤーの中に人物が含まれる場合、顔のパーツを判別して、目・鼻・口・輪郭に変化を加えることができます。

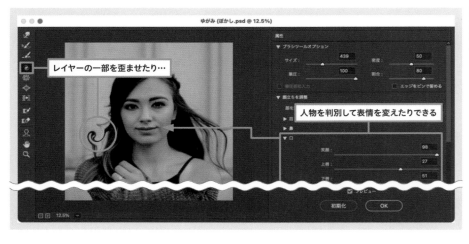

［フィルター］メニューから［ゆがみ］を選ぶと表示される［ゆがみフィルターダイアログ］

この他にもたくさんのフィルターが用意されています。デザインを作る際に、いろいろと試してみるとおもしろい変化を見つけられるでしょう。

■ レイヤースタイルの基本

レイヤースタイルはドロップシャドウ、パターンオーバーレイ、境界線など、デザインでよく使用する表現を、レイヤーに対して擬似的に加える機能です。レイヤースタイルのよいところは、スタイルを何度も編集できることです。デザインを作りながらあれこれ試行錯誤したり、作ったスタイルを使い回したりすることで、制作時間を短縮できます。

レイヤースタイルは全部で10種類あり、[**レイヤーパネル**]下の のメニューから適用したいスタイルを選択します。レイヤースタイルは、元のレイヤーに変化を加えないため、通常レイヤーはもちろん、シェイプレイヤー、テキストレイヤー、スマートオブジェクトなど、ブラシで変化を加えられないレイヤーにも使えます。

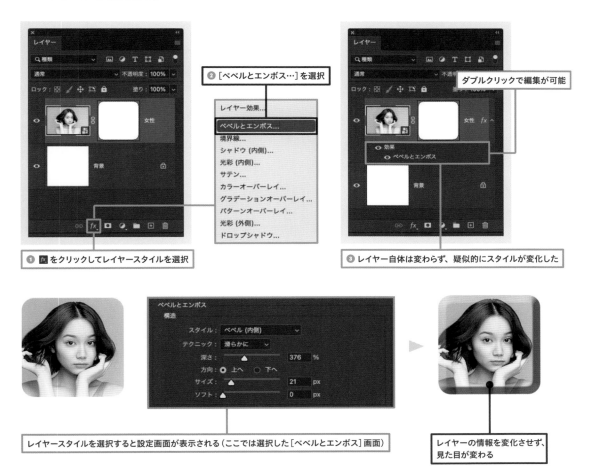

❷ [ベベルとエンボス…]を選択

ダブルクリックで編集が可能

❶ をクリックしてレイヤースタイルを選択

❸ レイヤー自体は変わらず、擬似的にスタイルが変化した

レイヤースタイルを選択すると設定画面が表示される（ここでは選択した[ベベルとエンボス]画面）

レイヤーの情報を変化させず、見た目が変わる

087

レイヤースタイルの種類

ベベルとエンボス　　境界線　　シャドウ（内側）　　光彩（内側）　　サテン

カラー
オーバーレイ　　グラデーション
オーバーレイ　　パターン
オーバーレイ　　光彩（外側）　　ドロップシャドウ

重ねがけしたスタイルの順番に注意する

レイヤースタイルのうち、[**境界線**][**シャドウ（内側）**][**カラーオーバーレイ**][**グラデーションオーバーレイ**][**ドロップシャドウ**]の5つは複数設定することができます。

レイヤースタイルはレイヤーと同様、上に行くほど前面に表示されます。たとえば[**グラデーションオーバーレイ**]と[**カラーオーバーレイ**]を同時にかけると、カラーオーバーレイのスタイルで、グラデーションが隠れて見えなくなってしまいます。どちらのスタイルも活用するためには、グラデーションオーバーレイの不透明度を変更したり、描画モードを変えるなどの工夫が必要です。同じスタイルが複数ある場合は、レイヤースタイルの設定画面の⬆⬇で順番を入れ替えできます。

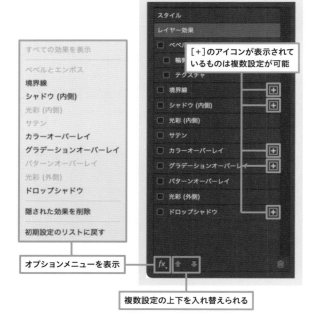

すべての効果を表示

ベベルとエンボス
境界線
シャドウ (内側)
光彩 (内側)
サテン
カラーオーバーレイ
グラデーションオーバーレイ
パターンオーバーレイ
光彩 (外側)
ドロップシャドウ

隠された効果を削除

初期設定のリストに戻す

オプションメニューを表示

スタイル

レイヤー効果

□ ベベル
□ 輪郭
□ テクスチャ
□ 境界線
□ シャドウ (内側)
□ 光彩 (内側)
□ サテン
□ カラーオーバーレイ
□ グラデーションオーバーレイ
□ パターンオーバーレイ
□ 光彩 (外側)
□ ドロップシャドウ

[＋]のアイコンが表示されているものは複数設定が可能

fx.

複数設定の上下を入れ替えられる

STEP 12

(10分)

画像の書き出しと CCライブラリ

デザインが完成したら目的に合わせて画像を書き出します。
ファイルを共有する際に便利なCCライブラリについても解説します。

■ 目的に合わせて画像を書き出す

「画像の書き出し」には画像の色数、条件、使用目的によって適切なファイル形式があります。書き出したいファイル形式や条件によって、選ぶべきPhotoshopの書き出し機能も変わってきます。

形式	画像例	色数が多いもの	色数が多く透過があるもの	色数が少ないもの	特徴
JPG		◎	×	○	色数の多い写真やイラストなどを書き出すのに向いている。背景は透過にできない。圧縮をかけてファイルサイズを減らすことができるが、圧縮をかけると画質が荒れるデメリットもある。
PNG		○	◎	◎	背景が透過で描き出せるので、色数が多い&背景透過の場合はPNG一択。色数の多い画像もきれいに書き出せるが、JPGと違って圧縮できないため、JPGに比べるとファイルが重くなる。
GIF		×	×	◎	最大256色までしか書き出せないため、色数の少ない書き出しに向いている。背景が透過の書き出しができるので、アイコンやイラストの書き出しに向いている。

ウェブサイトで使用する画像やバナーの場合、あまり大きな画像だとウェブサイト表示に時間がかかってしまいます。読み込みの時間を減らすため、容量を抑えられる書き出しの形式を選ぶようにしましょう

Photoshopの基本を知ろう

LEVEL
2

1

0

■ 書き出しの種類

Photoshopでの画像の書き出しは
たくさんの種類があります。その
中から3つの書き出し方法を、書き
出せる形式を使用用途と一緒に紹
介します。

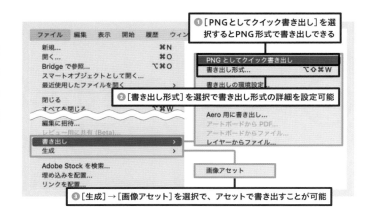

❶ [PNGとしてクイック書き出し] を選択するとPNG形式で書き出しできる

❷ [書き出し形式] を選択で書き出し形式の詳細を設定可能

❸ [生成] → [画像アセット] を選択で、アセットで書き出すことが可能

［書き出し形式］で書き出す

[**ファイル**]→[**書き出し**]→[**書き出し形式**]で書き出し形式ウィンドウを開き、設定します。
カンバス、アートボードのサイズで書き出されるので、バナーなど1枚の画像で書き出すものに向
いています。また、スマホなど、高解像度デバイス向けに2倍サイズで書き出したり、違うサイズの
画像を一度に書き出すことができます。

[書き出し形式]を選択して表示された設定画面。PNGやJPG、GIFが選択可能。※次世代画像フォーマットであるwebp（ウェッピー）はここでは選択でき
ないため、[複製を保存]を選択して保存します

画像アセットで書き出す

［**画像アセット**］では、ＪＰＧ、ＰＮＧ、GIF に加え、SVG で書き出すことも可能です。ファイルを PSD（または PSB）ファイルとして、ローカルに保存し、［**レイヤーパネル**］で、レイヤーの名前を［**書き出したいファイル名.拡張子**］に変更してして、保存するだけでファイルが自動で生成されます。LEVEL 5 の STEP 5「画像を書き出そう」(276ページ)にて詳しく説明していきます。

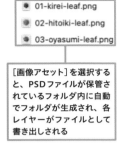

レイヤー名を書き出したいファイル名と拡張子に変更する

［画像アセット］を選択すると、PSD ファイルが保管されているフォルダ内に自動でフォルダが生成され、各レイヤーがファイルとして書き出しされる

■ CCライブラリとは?

CCライブラリは、写真やデザインを別のパソコンに同期したいときや別のアプリケーションで使いたいときなどに便利なクラウドのライブラリです。登録したものはアドビのクラウド領域に保存され、Creative Cloud でログインしたパソコンに同期されます。

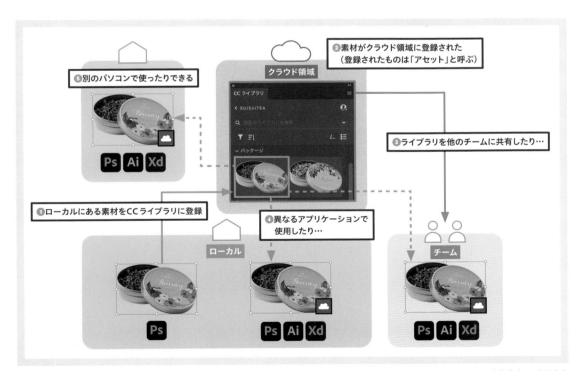

アドビのクラウドドキュメント（保存の際にクラウドにファイルを保存できる機能）とは別物です。CCライブラリに容量の大きいファイルを保存することはあまりおすすめしません。パーツの素材はCCライブラリに、デザインファイルの保存はクラウドドキュメントに、というように使い分けるとよいでしょう。

Photoshopの基本を知ろう

LEVEL
2

1

0

CCライブラリの基本

CCライブラリに登録したものを使用するには[**ウィンドウ**]メニューから[**CCライブラリ**]のパネルを開きます。CCライブラリには[**ライブラリ**]を複数作成して、その中に登録できます。案件や用途で分けておくと、探しやすく共有しやすくなります。登録できる種類はPhotoshop、Illustratorなどアプリケーションによって異なります。

COLUMN　CCライブラリを共有する

レイヤーとして配置したライブラリグラフィックは、ブラシなどで直接変更を加えることはできません。ダブルクリックで元データを開けるなど、スマートオブジェクトに似ている点があります。1つの素材を複数のデザインファイルで使用することが予想される場合は、スマートオブジェクトではなくCCライブラリを使用すると、素材の共有が便利になります。

	スマートオブジェクト	ライブラリグラフィック
保存場所	PSD（PSB）ファイルに内包	クラウド
特徴	ダブルクリックで元データを開き、編集できる。編集内容は配置したレイヤーに反映される	
使用範囲	スマートオブジェクトに変換したPSD（PSB）ファイル内のみ	アドビの他のアプリケーションで使用可能。他の人に共有することもできる

TIPS

CCライブラリへのアセットの登録・編集はLEVEL 5のSTEP 2「素材をCCライブラリに登録しよう」（240ページ）で紹介しています。CCライブラリを共有する方法はLEVEL 5のSTEP 4「デザインを共有しよう」（272ページ）で紹介しています。

LEVEL 3

写真の編集方法を
マスターしよう

LEVEL 3 では、いよいよ Photoshop を使って写真の
補正にチャレンジしていきましょう。基本の画像サイズ
の変更から写真の合成まで、デザインをするうえで知っ
ておきたい補正と加工を詰めこみました。この章の機
能をマスターすれば、あらゆるシーンで応用でき、写真
を自在に扱うことができるようになりますよ。

STEP **1**

画像のサイズを
変更しよう

動画で確認　写真加工やデザイン制作の現場において、写真や画像のサイズ変更が必要になることはよくあります。目的のサイズを指定して、画像解像度を変更する方法を学びましょう。

事前準備

課題ファイル「STEP03-01.jpg」をPhotoshopで開きます。赤ちゃんの画像が表示されます。

🗁 sample/level3/STEP03-01.jpg

1　画像解像度を確認する

画像を開いた状態で[**イメージ**]メニュー→[**画像解像度**]を選択します　**1・1**　。

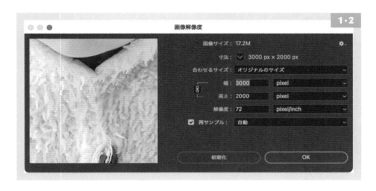

[**画像解像度ダイアログボックス**]が表示され、現在の解像度が「幅3000px」「高さ2000px」であることがわかりました 1・2 。

2 画像解像度を変更する

左側のリンクマークと、下の[**再サンプル**]にチェックが入っていることを確認して、ダイアログボックスの[**幅**]の欄に「1000」pixelと入力して[**OK**]を押下します 2・1 。

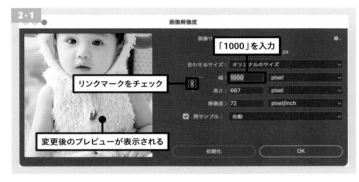

TIPS
リンクマークをチェックすると、画像の縦横比を保った状態で解像度を変更できます。

画像のサイズが「幅1000px」に変更されました。プロパティパネルを確認すると、[**W:1000px**]と表示されており、サイズが縮小されたことがわかります 2・2 。

完成

POINT
解像度を変更した画像はSTEP 2で使うので[ファイルメニュー]→[別名で保存]から「LEVEL3-STEP02.jpg」の名前で保存しておきましょう。

このSTEPで使用する
主な機能

イメージメニュー

画像解像度

ディテールを保持

小さな画像を大きくしよう

動画で確認

写真やイラストをファイルサイズ以上に拡大すると、ピクセルの情報が足りず、ぼやけた画像になってしまいます。デザイン上どうしても画像を大きくして使わなければならない場合、少しでもきれいに拡大するために［ディテールを保持して拡大］を試してみましょう。

事前準備

STEP 1で「幅1000px」に変更した画像「LEVEL3-STEP 02.jpg」をPhotoshopで開いておきましょう。

準備

LEVEL3-STEP02.png

■［ディテールを保持して拡大］で拡大しよう

前のページで「幅1000px」に変更した画像を今度は「幅3000px」に拡大してみましょう。再び［**イメージ**］メニュー→［画像解像度］を選択します **1** 。［**画像解像度ダイアログボックス**］が開きました。

[画像解像度ダイアログボックス]の左側のリンクマークにチェックが入っていることを確認し、[幅]の欄に今度は[3000]pixelと入力します。[再サンプル]のリストをクリックして[ディテールを保持 2.0]を選択して[OK]を押下しましょう  。

画像の横サイズが「3000px」に拡大されました。デフォルト設定の[再サンプル]を[自動]にして拡大したものと比べてみると、髪の毛や服のディテールなどに差があることがわかります。これは、本来失われたはずのピクセルを、アドビの人工知能「Adobe Sensei」が補完しているためです。画像の元サイズにもよるので「これさえあれば拡大はこわくない！」とまで言い切ることはできませんが、サイズが小さい画像をどうしても大きく使わなければならない場合、強い味方になってくれます。

完成（部分）

[自動]で拡大した場合（比較用）

STEP 3

画像を
トリミングしよう

デザイン制作の現場では画像サイズの変更のほか、トリミングもよく発生します。トリミングとは、画像の不要な部分を切り取って、必要な部分のみを残す加工のことです。[切り抜きツール]を使って、レイヤーを任意のサイズにトリミングする方法を学びましょう。

動画で確認

事前準備

課題ファイル「STEP03-01.jpg」をPhotoshopで開きます。
幅「3000px」の画像が開きました。

準備

🗀 sample/level3/STEP03-01.jpg

1 サイズを指定してトリミングする

[ツールバー]から[切り抜きツール] 1・1 を選択すると、レイヤーの外周を囲む枠が表示されます 1・2 。この枠を好きな大きさにドラッグして[return]([Enter])キーで確定すると枠の大きさに画像をトリミングできます。今回はドラッグによるトリミングではなく、1000pxの正方形に指定してトリミングします。

1・1

1・2

レイヤーの外周を囲む枠をドラッグするとトリミングできる

ウィンドウの上部を確認
すると、[切り抜きツー
ル]の詳細を設定できる
オプションバーが表示さ
れています。オプション
バーのリストから[幅 ×
高さ × 解像度]を選択し、
幅と高さの欄に「1000」
と入力します 1・3 。幅
と高さを入力すると、カ
ンバスの枠が正方形に
なります 1・4 。
このとき 1・3 でオプ
ションバーの右にある
[切り抜いたピクセルを削
除]を、オフにしておきま
しょう。指定した範囲外
のデータを失うことなく、
画像をトリミングできま
す。

① 「幅×高さ×解像度」を選択
② 幅と高さの欄に「1000」と入力
③ 「切り抜いたピクセルを削除」はオフに

カンバスの枠が正方形になった

枠以外の場所をドラッグして、トリミングの位置を調整

[option]キーを押しながら枠をドラッグして、トリミングのサイズを調整

2 トリミング位置を変更する

この状態からトリミング位置を変更し
ていきます。正方形になった枠の角を
[option]([Alt])キーを押しながらド
ラッグすると、画像の中央を基点にトリ
ミングできます。枠線の内側をクリック
&ドラッグすると枠の位置を調整でき
ます 2・1 。
写真に映っている赤ちゃんの顔の位置
が真ん中から少し上にくるよう調整し
ます。

調整が完了したら[**return**]([Enter])キーを
押すか、枠内をダブルクリックするとトリミ
ング範囲を確定できます。トリミングと同時
に、指定したサイズ（1000px×1000px）にリサ
イズされます  2·2 。

[**イメージ**]メニュー→[**画像解像度**]でサイ
ズを確認してみましょう 2·3 。[**画像解像
度ダイアログ**]を確認すると、「幅1000px、
高さ1000px」と表示されています 2·4 。
これでトリミングは完了です。

トリミング範囲が確定し、指定のサイズにリサイズされた

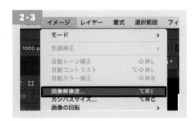

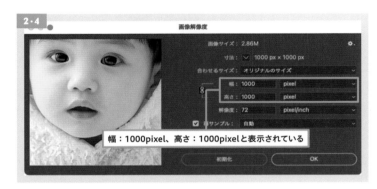

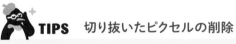
幅：1000pixel、高さ：1000pixelと表示されている

完成

TIPS　切り抜いたピクセルの削除

トリミングを後々やり直す可能性が
ある場合には、 1·3 で［切り抜い
たピクセルの削除］をオフにしておき
ましょう。ただしオフにすると、PSD
データとして保存したときにトリミン
グした外側のデータを保持するため、
削除する場合よりデータの容量が重
くなります。

このSTEPで使用する
主な機能

ブラシツール

ブラシのショートカットキーをマスターしよう

動画で確認

「絵を描くためのツール」と思われがちな［ブラシツール］ですが、Photoshopでは「レイヤーマスクの調整」「部分的な補正」「選択範囲の作成」などブラシツールが活躍するシーンは他にも多くあります。ここでは本格的に使う前に、ブラシツールのサイズや質感を素早く切り替える方法を学びましょう。

課題ファイル［**STEP04-01.jpg**］をPhotoshopで開きます。

準備

📁 sample/level3/STEP04-01.jpg

ツールバーでは［**ブラシツール**］を選択し、描画色を赤（R:255、G:0、B:0）に変更しておきましょう。

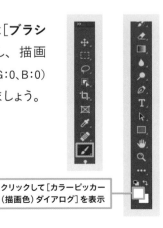

クリックして［カラーピッカー（描画色）ダイアログ］を表示

写真の編集方法をマスターしよう

LEVEL
3

2

1

0

課題ファイルに赤い線を引いてみましょう。[**ブラシツール**]を選択した状態で「lv3-04-01.jpg」の点線の起点●をプレスして点線の終点までドラッグします。ブラシのサイズは何でもOKですが、ここでは[**12px**]に設定しました。ドラッグを終えてカーソルを離すと赤い線が引けました **1·1** 。

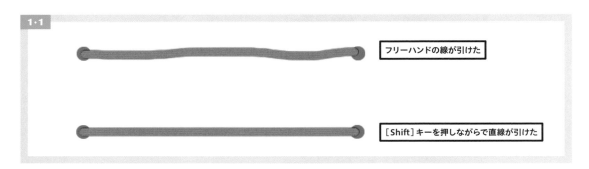

フリーハンドの線が引けた

[Shift]キーを押しながらで直線が引けた

このようにドラッグした通りの線を引くことができる[**ブラシツール**]ですが、使用する上でよくあるのが「ブラシのサイズ・硬さ・不透明度の変更」です。
オプションバー **1·2** でも変更することができますが、細かい作業をしている中でオプションバーに度々マウスを移動させて変更するのは時間のロスになり、効率的ではありません。そこで身に付けて欲しいのが「ブラシサイズ、硬さ、不透明度を変更するショートカットキー」です。

ブラシの設定パネルはここから開く

オプションバー。ブラシの設定の変更が可能

ブラシの種類・サイズ・硬さを設定できる

2 ブラシのサイズと硬さを変更するショートカットキー

ブラシサイズと硬さのショートカットキーはMacとWindowsで異なるため、ここでは2通り説明します。

ブラシサイズと硬さを変更する【Mac編】

Macでショートカットキーを使ってブラシサイズを変更するには、[**control**]キーと[**option**]キーを押しながら、マウスを左クリックしたまま左右にドラッグします。左にドラッグするとブラシのサイズが小さく、右にドラッグするとブラシのサイズが大きくなります。同様に、[**control**]+[**option**]キーを押しながら、左クリックしたまま、上下にドラッグするとブラシの硬さを変更できます。上にドラッグするとブラシが柔らかく、下にドラッグするとブラシが硬くなります。

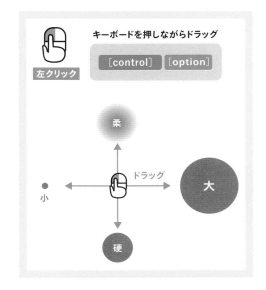

ブラシサイズと硬さを変更する【Windows編】

Windowsでショートカットキーを使ってブラシサイズを変更するには、[**Alt**]キーを押しながら、右クリックしたまま左右にドラッグします。左にドラッグするとブラシのサイズが小さく、右側にドラッグするとブラシのサイズが大きくなります。
同様に、[**Alt**]キーを押しながら、マウスを右クリックしたまま、上下にドラッグするとブラシの硬さを変更できます。上にドラッグするとブラシが柔らかく、下にドラッグするとブラシが硬くなります。

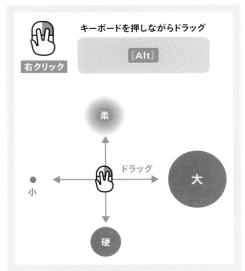

ブラシの不透明度を変更する

[**ブラシツール**]の不透明度は数字が小さくなるほど「絵の具に水を混ぜて薄くなった状態」だと考えるとわかりやすいでしょう。
不透明度を変更するには[**ブラシツール**]を選択した状態で、数字キーを押します。[**1**]を押すと[**不透明度：10%**]、[**5**]を押すと[**不透明度：50%**]というように、その数字に応じた10刻みで不透明度を変更できます。10刻みではなく細かく指定することも可能です。[**53**]なら[**53%**]、[**04**]なら[**4%**]となります。[**100%**]にしたいときには[**0**]を押します。
次のSTEPでは、このショートカットを使って素早くサイズや硬さ、不透明度を変更しながら描く練習をしましょう。

LEVEL 3

STEP 5

(20分)

ブラシで影を描こう

**このSTEPで使用する
主な機能**

- ブラシツール
- スマートオブジェクト
- 消しゴムツール

動画で確認

ここでは写真の影を描くことを例に、ショートカットキーを使ってブラシツールのサイズや質感を素早く切り替える方法を実践してみましょう。

事前準備

課題フォルダ「STEP05」の中にある「背景.png」をPhotoshopで開きます。黄色い背景の上に円柱の舞台が描かれている画像が表示されます。

📁 sample/level3/STEP05

ツールバーで[**ブラシツール**]を選択します。

POINT まずは全体の手順をチェック！

- 背景の画像にハンバーガーの写真を配置して、サイズを調整する
- ブラシツールを使って影を描く

1 画像を開いて組み合わせよう

「背景.png」のカンバスの上に、フォルダの中にあるもう1つの画像「ハンバーガー.png」をカンバスにドラッグします。ハンバーガーが背景に対して大きく表示されますが、ここではサイズ変更はせず、[**return**]([Enter])キーで配置を決定しましょう。

ハンバーガーの画像はすでに切り抜かれ背景が透過されています。そのため、ハンバーガーの背後に「背景.png」が見える状態で配置されました  。

フォルダからドラッグして「ハンバーガー.png」を配置した

ハンバーガーのサイズを調整する

配置したハンバーガーを背景に合わせて変更します。サイズ変更の前に、ハンバーガーのレイヤーを右クリックして[**スマートオブジェクト**]を選択して変換します 1·2 。

次に[**command**]([Ctrl])+[**T**]キーを押してスマートオブジェクトを自由変形できる状態に変更します。[**shift**]+[**option**]([Alt])キーを押しながら、背景の舞台の上にハンバーガーが乗るように縮小し、ドラッグで中央に移動したら[**return**]([Enter])キーで決定します 1·3 。

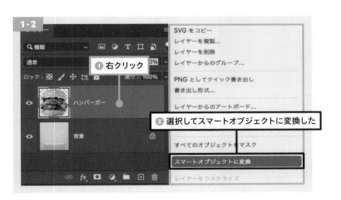

❶ 右クリック

❷ 選択してスマートオブジェクトに変換した

[shift]+[option]キーを押して、内側にドラッグし、中心を基点に縮小

COLUMN [shift]+[option]([Alt])キー

レイヤーを自由変形するとき、縦横の比率を保って変形したい場合は、[shift]キーを押しながらバウンディングボックスの角をドラッグして変形します（21ページの[環境設定]にて[従来の自由変形を使用]にチェックを入れている場合）。中央を基点に変形する場合には、[option]([Alt])キーを押しながらドラッグします。今回は[比率を保つ]＋[中央に向かって変形]したいので、[shift]＋[option]([Alt])キーを押して変形しています。

ブラシで影を描く前に、実際にハンバーガーに
はどのような影ができるのかを考えてみましょう。
素材のハンバーガーを加工する前の写真を見て
みると、ハンバーガーとお皿が接地する部分は、
影が濃くくっきりとついており、左右にいくほど
薄く柔らかくなっているのがわかります 1・4 。

1・4

下の影はくっきり、離れるほど薄くやわらかい影

Photoshopのブラシには、この影のように「薄いところと濃いところが混在」しているブラシはあ
りません。つまり1つのブラシだけで描くことはできません。こういうときは一筆で描こうと考えず、
「大きく影を描いてから削る」発想がよいでしょう。

2 ブラシで影を描いていく

影を描くためのレイヤー
を作成します。［レイ
ヤーパネル］下の［新規
レイヤーを作成］をク
リックして、できたレイ
ヤーをハンバーガーレイ
ヤーの下に移動します。
［描画モード］は［乗算］
に変更します 2・1 。
［ブラシツール］を選択
して 2・2 、［描画色：
#000000］に設定しま
す 2・3 。

2・1

③ 編集モード：乗算に変更

乗算　　　不透明度：100%

ロック：　　　　　　　塗り：100%

ハンバーガー

レイヤー1

② 新規レイヤーをハンバー
ガーレイヤーの下に移動

背景

① クリックして新規レイヤーを作成

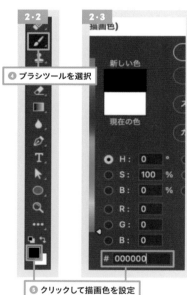

2・2

④ ブラシツールを選択

2・3

描画色）

新しい色

現在の色

H：0
S：100 %
B：0 %
R：0
G：0
B：0

000000

⑤ クリックして描画色を設定

COLUMN　乗算とは?

［描画モード］で、選択レイヤーを下のレイヤーにどのように重ねるかを設定できます。［描
画モード：乗算］は、レイヤーに描画されたものと下のレイヤーの色を掛け合わせて表示す
るという設定です。LEVEL 2のSTEP 2「レイヤーの基本をマスターしよう」（42ページ）で
も紹介しています。

ブラシのサイズと硬さ、不透明度を設定する

STEP 4を参考に、ショートカットキーを使って、ブラシを[**サイズ：270px**]程度、[**硬さ：80%**]になるように調節しましょう。不透明度は、数字キー[8]を入力して80%に設定します 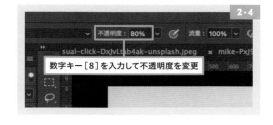。

マウスをプレスしドラッグして影を描いていきます。左右の影は後で削って調節するので、形はそこまで気にせず大きく描いて大丈夫です。ハンバーガーが接地している下の部分は、今回描く影を活かすので、ていねいに描きます。下の影のラインをきれいに見せるため、マウスを左右に振り子のようにスイーっと動かして一筆で描きましょう。

3　描いた影を消しゴムで削る

今度は[**消しゴムツール**]を選択して、描いた影を削って整形します。ブラシのショートカットキーと同様に[**サイズ：270px**]程度、[**硬さ：0%**]、[**不透明度：80%**]にします。
柔らかいタッチの消しゴムができたら、左右の影を削っていきましょう。削るときは一筆でなく、カチッカチッとクリックしながら、少しずつ内側に向かって影を消します。

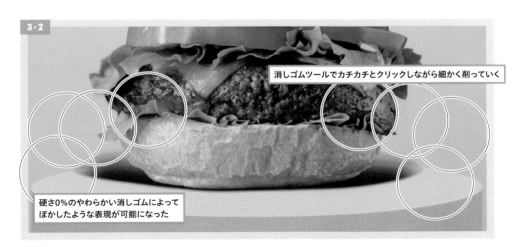

消しゴムツールでカチカチとクリックしながら細かく削っていく

硬さ0%のやわらかい消しゴムによってぼかしたような表現が可能になった

消しゴムのブラシサイズを小さくして仕上げる

一回り消しゴムを小さくして影の形を仕上げていきます。消しゴムのサイズを[**170px**]程度に調節し、[**不透明度：40%**]に設定します。

先ほどと同じく、一筆で削ろうと思わず、カチッカチッと外から内に向かって徐々に削っていきます **3・3**。

この辺はくっきり濃い

薄くて柔らかい

STEP 4で解説した
ショートカットキーを
使ってやってみよう

消しゴムでバランスよく影を削れたら完成です。ブラシのサイズ、濃度、不透明度が異なるブラシと消しゴムを組み合わせることで、さまざまな表現が可能になります。

完成

STEP 6

色被りと明るさを補正しよう

このSTEPで使用する主な機能

スマートオブジェクト

トーンカーブ

動画で確認

調整レイヤーのトーンカーブを使用して、照明の色の影響を受けている写真の色味の調整と明るさを補正してみましょう。

事前準備

画像「STEP06-01.jpg」をPhotoshopで開きます。写真は、室内の照明の影響を受けて全体的に黄色っぽくなっています。お刺身が「おいしそう」に見える色合いに調整しましょう。

準備

完成図

📁 sample/level3/STEP06-01.jpg

写真の編集方法をマスターしよう

LEVEL 3

2

1

0

 POINT まずは全体の手順をチェック!

- 写真に直接変更を加えないように［スマートオブジェクト］に変換する
- ［色調補正］の［トーンカーブ］で白を選択して色被りを取る
- ［色調補正］の［トーンカーブ］で明るさを補正する

1 画像をスマートオブジェクトに変換する

「背景」レイヤーを[**スマートオブジェクト**]に変換します。

今回使用する[**トーンカーブ**]は、「レイヤーの明るさを変更する」機能です。デザイン制作で使用する写真は、全体のバランスを考えて明るさを後から再編集することが多々あります。[**スマートオブジェクト**]を[**トーンカーブ**]で調整すると、[**スマートフィルター**]として適用され、写真を直接変更しないため、何度でも設定をやり直しできます。

2 色被りを取る

[**トーンカーブ**]を利用して、写真の色被りを調整します。色被りとは、太陽光や照明などの影響を受け、本来の色味より「青っぽい」「赤っぽい」など、全体的に素材の色味が変化している状態のことです。今回は写真全体が「黄色く」、お刺身の色味が不自然に見えるため、自然な色味に調整していきます。

[**イメージ**]メニューから[**色調補正**]→[**トーンカーブ**]を選択 **2·1** して設定ウィンドウを開きます **2·2** 。

ウィンドウの左下にスポイトのアイコンが3つ並んでいます。左から[**黒点**][**グレー点**][**白色点**]です。これは「この写真の中でここが黒ですよ」「白ですよ」とPhotoshopに教えて、それを元に色を調節する機能です。

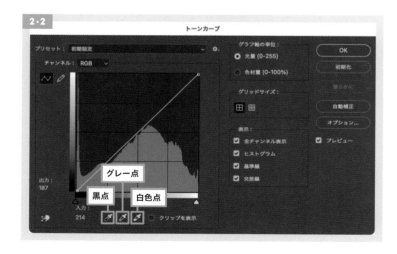

［**白色点**］のアイコン をクリックして、カンバスの写真の中から「写真の中の白い部分」をクリックします。写真の中で白いものを探すと、お刺身の下の氷がありました。窓の近くで光を受けている部分の氷をクリックします `2·3`。

2·3

光が当たっているのはこちら側

この辺の氷が白そう

クリックするとカンバスの写真の色が変化して、黄色みを帯びていた写真が自然な色味になりました `2·4`。［**トーンカーブ**］の設定を見ると、先ほどのクリックによって自動で色味の設定が変わったことがわかります `2·5`。

2·4

写真の色味が変わった

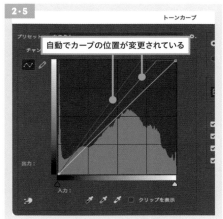

2·5

トーンカーブ

プリセット

チャンネル

自動でカーブの位置が変更されている

出力:

入力:

クリップを表示

COLUMN　クリックする位置によって色が変わる

スポイトでどこをクリックするかによって色が変わるため、色味に違和感があるときは、周辺の氷を何度がクリックしてみましょう。

3　明るさを補正する

色味は自然になったので、今度は明るさを調節していきます。

まずはトーンカーブの仕組みを理解しましょう。トーンカーブは写真の中の「明るいところ」「暗いところ」「中間のところ」を個別に補正する機能です。斜め45度の角度になっている線を、上にカーブさせることで明るく、下にカーブさせることで暗く画像を補正できます 3·1 。

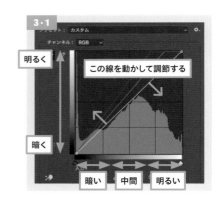

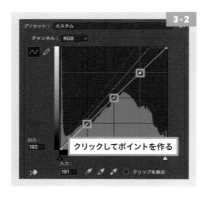

トーンカーブを試しに動かしてみる

グラフの縦と横の線が交わるポイントをクリックして、3つのポイントを作成します。削除したいときはポイントを選択した状態で[delete]([Backspace])キーを押します。左から順番に「暗いところ」「中間の明るさ」「明るいところ」を操作するポイントです 3·2 。

TIPS

ここではポイントを3点作成しましたが、どの写真でも同じようにポイントを3つ作るものではありません。写真をどのように補正していくかによって、どの部分にいくつポイントを作成するかは異なります。ポイントが3点あれば「暗さ」「中間の明るさ」「明るさ」3つの明るさを動かせるため、今回は3点で紹介しています。

作成したポイントのうち、1番左のポイントをクリックして上の方にドラッグしてみます。このとき、右の2つのポイントは動きません。これで「暗いところを明るい方向(上)に動かした」ことになります。写真を見ると影などの暗い部分だけが明るくなり、氷の部分などの明るい部分には変化が見られません 3·3 3·4 。

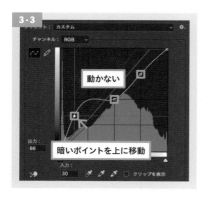

再度、左の「暗いところを操作するポイント」をクリックして、下の方にドラッグしてみましょう 3·5
3·6 。今度は「暗いところを暗い方向（下）に動かした」ことになり、先ほどとは逆に写真の中の
影などの暗い部分が、よりくっきりと暗くなりました。先程と同様、氷の部分などの明るい部分には
変化が見られません。このように、トーンカーブは補正したい明るさのところにポイントを作成して、
細かく補正することができます。

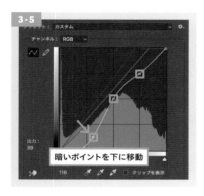

写真を調整してみよう

仕組みがわかったところで、「暗いところを操作するポイント」をドラッグして元の位置まで戻し
3·7 、実際に写真の明るさを補正していきましょう。トーンカーブの補正で大事なのは、この「暗
さ」「中間の明るさ」「明るさ」をどのように変更するかを考えることです 3·8 。

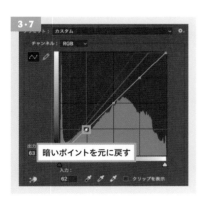

写真の編集方法をマスターしよう

LEVEL
3

2

1

0

今回の写真を改めて確認し、以下のように3つのポイントにわけて考えていきます。

- お刺身の影など暗いところ … もう少し明るくするとお刺身の色が鮮やかでみずみずしく見えそう
- お刺身など中間色の明るさのところ … 今の明るさのまま保ちたい
- 窓の外や醤油皿など明るいところ … 今の明るさで十分。これ以上明るくすると白くつぶれてしまう

この３点を元に、「暗いところ」を「少しだけ明るく（上に移動）」することに決めました。ただし、暗いところを極端に明るくしすぎると、コントラストが弱くスカスカした印象になるため、カンバスの写真を確認しながら「鮮やかでみずみずしくておいしそう」と感じるところで止めて[**OK**]で決定します 3・9 3・10 。

プレビューを確認しながら少しずつ上げていく

カンバスに戻ったら[**レイヤーパネル**]を確認してみましょう。レイヤーの下に[**スマートフィルター**]が追加されて、そこに[**トーンカーブ**]が追加されています。この[**トーンカーブ**]は、 ■ をクリックして非表示にしたり、ダブルクリックしてトーンカーブのウィンドウを開いて、再度編集できます 3・11 。

ダブルクリックで編集できる

完成

シズル感のある
写真に
なったね

STEP **7**

(20分)

写真の明るさを変更しよう

このSTEPで使用する
主な機能

Camera Raw フィルター

スマートオブジェクト

動画で確認

Camera Raw フィルターを使って写真を明るくする方法を学びましょう。
スマートオブジェクトに変換してからCamera Raw フィルターを使うことで、何度でも再編集が可能になります。

事前準備

画像「STEP07-01.jpg」をPhotoshopで開きます。今回は、写真の補正に [**Camera Raw フィルター**] を使用します。トーンカーブと同じく明るさを補正できますが、設定がより直感的でわかりやすく、鮮やかさなども同時に調整できる多機能なフィルターです。補正前に、どこが暗いのか、どこを明るくしたらよいのかを考えてみましょう。

準備

完成図

📁 sample/level3/STEP07-01.jpg

POINT まずは全体の手順をチェック！

- どこが暗いのか、どこを明るくしたいのか考える
- レイヤーを [スマートオブジェクト] に変換する
- [Camera Raw フィルター] で補正する

1 補正の方向性を考える

写真はクールでかっこいい雰囲気ですが、髪の毛が暗く映り、モデルのフワッとした髪の毛の質感が感じられません。今回は「アパレルECサイトの商品写真」という想定で、この写真を明るく補正していきます。

アパレルの商品写真という前提なので、以下の3点に修正が必要と考えました。

・髪の毛が全体的に暗くペタッとして見えるので、フワッとした質感を出したい
・顔も少し影が濃いので、髪の毛に合わせて明るくしたい
・アパレルのECなので白い服のモコモコとした質感はしっかり残したい

修正の方針を
立てることが
大切

「暗いところを明るく、白いところは明るさを下げて影を出す」という方針が決まりました。

2 スマートオブジェクトに変更する

補正後も元データはそのまま保持しておくために、まずはレイヤーをスマートオブジェクトに変換しましょう。レイヤーを右クリックして[**スマートオブジェクトに変換**]を選択します 2 。

3 Camera Rawフィルターで補正する

今回のように「明るくしたい部分」と「明るくしたくない部分」が混在している場合、単純に「全体的に明るくする」という補正ではうまくいきません。髪の毛と白い服の補正を分けて考えていきましょう。

レイヤーを選択し、[**フィルター**]メニュー→[**Camera Rawフィルター**]を選択 3・1 して[**Camera Rawフィルター**]のウィンドウ 3・2 を開きます。

まず、洋服が真っ白にならないよう、[**ハイライト**]で写真を調整しましょう。[**ハイライト**]を使うと写真の中の明るい部分を調整できます。スライダーを左に動かして、左側のプレビューを確認しながら白い服の影が出るように調整します。今回は[**-67**]に設定しました 3・3 。

参考：補正前

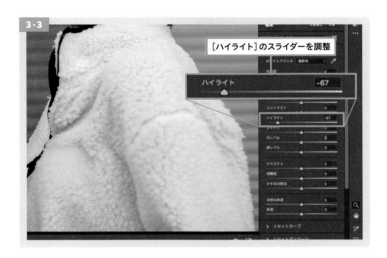

次に髪の毛の影を明るくします。髪の毛のような暗い部分は[**シャドウ**]を調節します。右方向にメモリを動かしていくと髪の毛の影が明るくなり、奥行きを感じられるようになります（今回は[**+45**]に設定）。右下の[**OK**]を押してCamera Rawフィルターの設定を終了すると、ウィンドウが閉じて補正された画像を確認できます 3・4 。

参考：補正前

117

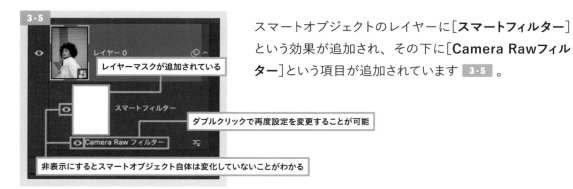

3.5

レイヤーマスクが追加されている

ダブルクリックで再度設定を変更することが可能

非表示にするとスマートオブジェクト自体は変化していないことがわかる

スマートオブジェクトのレイヤーに[**スマートフィルター**]という効果が追加され、その下に[**Camera Rawフィルター**]という項目が追加されています **3.5**。

[**レイヤーパネル**]の[**Camera Rawフィルター**]をクリックすると、先ほどハイライトとシャドウを変更したウィンドウが開き、設定を再度調整できます。レイヤーの元情報は変化しないため、制作中に「もっと明るく」「もっと鮮やかに」と方針が変わったとしても、すぐに対応することができます。

完成

COLUMN スマートフィルターの削除

[色調補正]や[Camera Rawフィルター]でレイヤーに追加される[スマートフィルター]は、1つずつドラッグして移動したり、ゴミ箱にドラッグして削除できる他、[option]([Alt])キーを押しながら他のレイヤーにドラッグして複製が可能です。

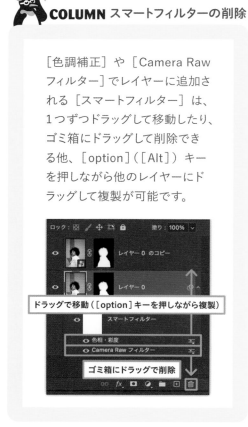

ドラッグで移動([option]キーを押しながら複製)

ゴミ箱にドラッグで削除

STEP **8**

レイヤーマスクで切り抜きしよう

動画で確認

写真を部分的に切り抜く方法を学びましょう。不要部分を削除するのではなく［マスク］で隠す、再編集可能な切り抜きをマスターしましょう。

事前準備

課題ファイル「STEP08-01.psd」をPhotoshopで開きます（もしくはSTEP 7で明るさを変更した画像を保存して使用しても問題ありません）。

準備

完成図

📁 sample/level3/STEP08-01.psd

写真の編集方法をマスターしよう

LEVEL **3**

2

1

0

POINT まずは全体の手順をチェック！

- ［被写体を選択］で女性の選択範囲を作成
- ［選択とマスク］で細かい部分を調整
- ［レイヤーマスク］を作成
- ［ブラシ］で細かい部分を調整

選択範囲を作成

レイヤーマスクを作成

1·1

1 ［被写体を選択］で選択範囲を作る

写真の女性の背景を透明にします。［**消しゴムツール**］を使って背景を削除するのも1つの方法ですが、今回は簡単に元に戻せる［**レイヤーマスク**］を使って背景を隠す方法を学びましょう **1·1** 。

レイヤーを選択する

まずは［**被写体を選択**］を選択してマスクの選択範囲を作ります。［**被写体を選択**］は、選択したレイヤーから「被写体」だと思われるものをPhotoshopが自動で判別して選択してくれる機能です。ツールバーから［**自動選択ツール**］を選択し **1·2** 、上のオプションバーの［**被写体を選択**］ボタンをクリックします **1·3** 。

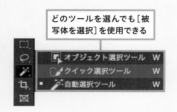

COLUMN

今回は［自動選択ツール］の［被写体を選択］を選びましたが、［オブジェクト選択ツール］や［クイック選択ツール］を選択した場合でも［被写体を選択］を実行することは可能です。結果はいずれも同じになります。

どのツールを選んでも［被写体を選択］を使用できる

COLUMN

Photoshop23.5から［被写体を選択］処理を［デバイス（高速）］で行うか［クラウド（詳細な結果）］で行うかを選べるようになりました。どちらの処理が適しているかは写真によって異なりますが、動作を軽くしたければ［デバイス（高速）］、マシンスペックが十分で、かつ精度の高い処理を行いたい場合は［クラウド（詳細な結果）］を試してみるとよいでしょう。

中央の女性部分を選択した選択範囲が作成されました（処理に時間がかかる場合があります）1・4。しかし、[被写体を選択]のみでは完全な状態で選択することは難しいのが現状です。ここからは手動で細かく調整していきます。

選択範囲が作成された

2 ［選択とマスク］で選択範囲を調整する

オプションバー右上の［選択とマスク］ボタンをクリックすると 2・1 、［選択とマスク］ワークスペースが開きます 2・2 。中央には［被写体を選択］で選択された状態のレイヤーが表示され、右側には細かい設定ができる属性パネルが表示されています。

クリック

ワークスペースが開いた

121

選択範囲の色を変更する

［**オーバーレイ**］初期値の色は赤で設定されており、写真の背景にある赤い矢印部分の選択範囲が見づらくなっています。見やすい色に変更しましょう。

不透明度を「80％」に変更し、［**カラー**］をクリックします **2・3** 。

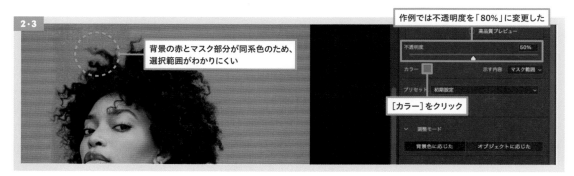

作例では不透明度を「80％」に変更した

背景の赤とマスク部分が同系色のため、選択範囲がわかりにくい

［カラー］をクリック

表示された[**カラーピッカー**]ウィンドウで、マスクを赤
以外の色（ここでは青）に変更しました 2・4 2・5 。

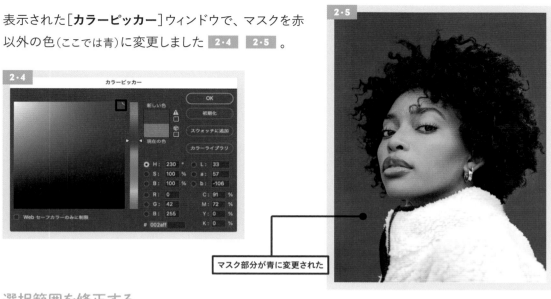

マスク部分が青に変更された

選択範囲を修正する

色が変更されたら、選択範囲を細かく調節します。手動で調整する前に、まずはオプションバーに
ある[**髪の毛を調整**]をクリックします 2・6 。これだけでも髪の毛の選択範囲がきれいに変化しま
した 2・7 。

［髪の毛を調整］をクリック

髪の毛の選択が少しきれいになった

さらに細かい部分を調節していきます。左のツールバーから［境界線調整ブラシツール］を選択し、上のオプションバーでブラシの大きさを「50px」程度に変更します 2·8 。これは、Photoshopに「被写体と背景の境界線はここだよ」ということを教えるツールです。例えば、髪の毛の部分で背景がうまく選択されなかったところをクリックすると、自動で選択範囲の形が変わりました。境界線がうまく選択できていないところをクリックして、背景が残っているところを減らします。 2·9 。

あごの下にある髪の毛は消した方がスッキリ見えるので、選択範囲から削除します。左のツールバーから［ブラシツール］を選択し、上のオプションバーで、［現在の選択範囲から一部削除］の［-］を選択します。［ブラシツール］は手動で選択範囲を調整するツールです。大きさを「10px」程度に変更して（ここでもブラシサイズ変更のショートカットが使えます）あごの下の部分を塗りつぶします 2·10 2·11 。

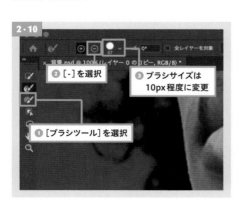

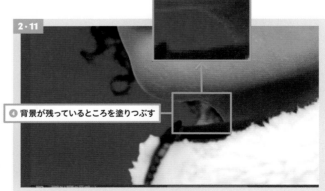

髪の毛のフチには背景の白や赤がまだ残っているので、境界線を少しくっきりさせて、選択範囲を内側（人物側）に少し狭めます。右側のメニューから[**コントラスト：10%**][**エッジをシフト：-20%**]に設定しましょう。[**コントラスト**]は境界線をくっきりさせることができ、[**エッジをシフト**]は境界線位置を調整（[+]で境界線を外側に、[-]で内側に変更）できます 2・12 。

2・12

② [エッジをシフト]を「-20%」に変更して境界線位置を内側に変更

① [コントラスト]を「10%」に変更してくっきりさせる

コントラスト 10%

エッジをシフト -10%

終了したら、右側の[**表示**]を[**白黒**]に切り替えて、内側に欠けている部分がないかを確認します 2・13 。欠けているところは、左の[**ブラシツール**]の[+][-]を切り替えて調整しましょう。すべて終了したら右下の[**OK**]をクリックします。

2・13

[表示]を[白黒]に切り替えて確認

③ 完了したら[OK]ボタンを選択

3 レイヤーマスクを作成する

ワークスペースが閉じ、選択範囲が作成されたことが確認できます **3・1** 。この選択範囲を使用してレイヤーマスクを追加します。[**レイヤーパネル**]下にある[**レイヤーマスクを追加**]をクリック **3・2** すると、レイヤーマスクサムネールが追加され、カンバスでは完成図のように背景部分が透明になります。

選択範囲が作成された

レイヤーマスク
黒い部分が非表示になり、
白い部分が表示される

レイヤーマスクを追加

完成

COLUMN
レイヤーマスクを作成した後に修正したくなったら?

レイヤーの右側に追加された[レイヤーマスクサムネール]は、作成後も簡単に調整可能です。レイヤーマスクを調整するときは、必ず右側の[レイヤーマスクサムネール]をクリックして選択してから、[ブラシツール]を使用して、表示したいところを白、非表示にしたいところを黒で塗ります。

STEP 9

ベクトルマスクで切り抜きしよう

このSTEPで使用する
主な機能

ペンツール

パスパネル

ベクトルマスク

動画で確認

形がはっきりしているものを切り抜くときは、[ペンツール]で
パスを描き、ベクトルマスクを作成しましょう。

写真の編集方法をマスターしよう

LEVEL 3

事前準備

画像「STEP09-01.jpg」をPhotoshopで開いておきましょう。

準備

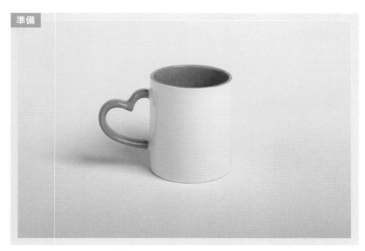

📁 sample/level3/STEP09-01.jpg

完成図

2

1

0

POINT まずは全体の手順をチェック！

- [ペンツール]の[パス]でカップの形のパスを作成する
- オプションバーで[マスク]を選択してベクトルマスクを作成する

■ ペンツールについて

[**ペンツール**]は、レイヤー上で目的の形に沿って[**アンカーポイント**]を作成し、その間を[**セグメント**]で繋いでパスやシェイプを作成する機能です。直感的に線を引ける[**ブラシツール**]と違い、最初は扱い方に戸惑うかもしれませんが、使いこなすことができれば[**ブラシツール**]より正確に目的の形を作成できます。

[**ペンツール**]の基本の使い方は、「クリック」して[**アンカーポイント**]を作って直線で繋げる方法と、「クリック&ドラッグ」で[**ハンドル**]を引き出して曲線で繋げる2つの方法があります。

この作例では、図のように「クリック」と「クリック&ドラッグ」を表記して説明します。

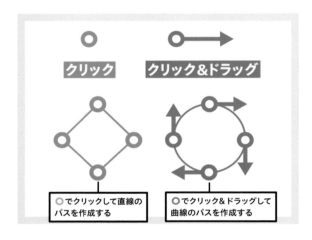

COLUMN [ペンツール]でよく使用する機能

[パス選択ツール]

[ペンツール]を選択した状態で[command]([Ctrl])キーを押すと、カーソルが白い矢印マークになります。作成したアンカーポイントを動かしたり、ハンドルを動かしたりすることができます。

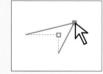

[アンカーポイントの切り替えツール]

[ペンツール]を選択した状態で、[option]([Alt])キーを押しながらハンドルに近づけるとカーソルが「v」のような形に変形します。ハンドルの片方だけを動かしたり、ハンドルがないところにドラッグして追加することができます。

1 形をよく観察する

さっそく、課題のコップに沿ってパスを作成していきましょう。まずは、画像のどこが直線でどこが曲線になっているかを観察します。

コップ本体の縦の線は直線ですが、上下と持ち手の部分は曲線です。特に持ち手はハート型になっていて途中で方向が変わるため、細かくアンカーポイントを打っていく必要がありそうです。直線と曲線以外でも、今回のカップは本体部分が左右対称なので、アンカーポイントも左右対称を意識するときれいに作れそうです。このように、形の特徴も踏まえて計画を立てます。

［ペンツール］の基本は、
特典のドリルを
使って
練習できます

2 ペンツールで外周の形をなぞっていく

［ペンツール］ ✒ を選択し 2·1 、オプションバーで［パス］、［シェイプが重なる領域を中マド］を選択します 2·2 。

左上の本体と持ち手の繋がり付近からパス作成を開始していきます。直線なので、まずは緑の○をクリックして最初のアンカーポイントを作成しましょう。

次にカップ上部の曲線を描いていきます。サンプルを参考に、紫の○にアンカーポイントを5点打ってください 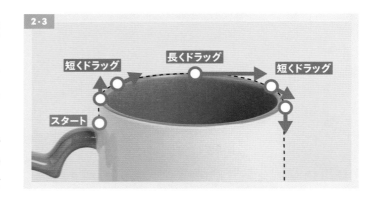 。

○はクリックするだけで[**アンカーポイント**]を作成し、○は、クリックしたらマウスボタンをプレスしたまま、進行方向にドラッグして[**ハンドル**]を引き出し、コップの形に沿うように角度とハンドルの長さを調整して、マウスボタンを離します。

これを繰り返して、コップの形を作っていきます。[**アンカーポイント**]の位置を移動させたい場合は、[**command**]([Ctrl])キーを押した白い矢印カーソル（パス選択ツール）で、移動させたいアンカーポイントを選択して移動します。ドラッグが長いほど、大きい曲線を作れます。サンプルの矢印の向きと長さを参考にして試してみてください。

続けてコップの下部分も描いていきます。コップ上部の曲線と同じ形をしているため、アンカーポイントを打つ場所、方向線の長さも先程と変わりません 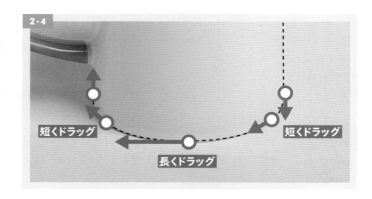 。

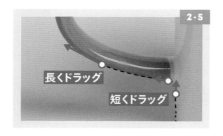

次に持ち手の部分を描いていきましょう。持ち手と本体の結合部は小さなカーブなのでドラッグして引き出すハンドルは小さめに、その後はハートの大きなカーブを作るためにハンドルを大きくして描きます 。

ハートの真ん中の内側のくぼみを描いていきます。ここでも長いドラッグと短いドラッグを使い分けて引き出すハンドルの大きさを変えます 2·6 。

2·6 長くドラッグ 短くドラッグ

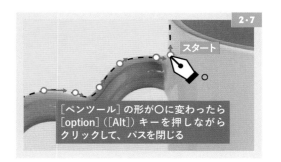

2·7 スタート

[ペンツール]の形が〇に変わったら[option]([Alt])キーを押しながらクリックして、パスを閉じる

外周をぐるっと[ペンツール]で描き、パスのスタート地点へ戻ってきました。スタートのアンカーポイントにカーソルを近づけると、カーソル表示が〇に変化します。これはパスを閉じることができるという表示です 2·7 。

しかし、パスを閉じるため、このままスタートのアンカーポイントをクリック&ドラッグしてしまうと、もう一方のハンドルが動いてしまい、パスの形が崩れてしまいます。[option]([Alt])キーを押しながらスタートのアンカーポイントをクリックすることで、ハンドルを片方のみ動かしてパスを閉じることができます 2·8 。

2·8

外側のパスが描けた

COLUMN　描いている途中にパスが見えなくなったら？

[ウィンドウ]メニューから[パスパネル]を開きます。パネルには、先ほどまで描いていたパスが[作業用パス]として表示されています。現在のファイルの中にどのようなパスが存在するかは、この[パスパネル]で確認します。

パス

作業用パス

3 持ち手の内側を作っていく

持ち手の内側も描いていきましょう。本体との結合部分のあたりからスタートし、まずは下の結合部分まで直線を描き、左側に緩やかにつなげていきます。

ハートの形は小さなカーブと、大きなカーブがあります。小さなカーブはドラッグを短く、大きなカーブはドラッグを長くして描いていきます。

スタート地点に戻り、カーソルを近付け、[**ペンツール**]の表示が○になったら、[option]([Alt])キーを押しながらドラッグして、既にあるハンドルが動かないようにしてパスを閉じます 3·1 。

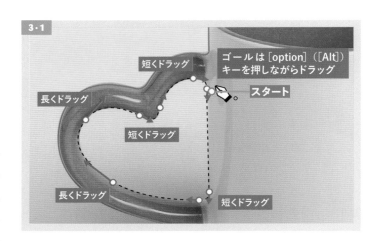

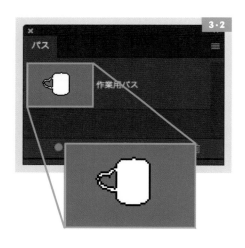

パスを描き終わったら、[**パスパネル**]を見てみましょう。最初に[**シェイプが重なる領域を中マド**]を選択したので、コップの外周のパスの中に、持ち手の内側のかたちの穴が空いたパスが出来上がりました 3·2 。

そのままオプションバーで、左にある[**マスク**]をクリックします 3·3 。
カンバスのカップが先ほど描いたパスの形でマスクされました。

完成

完成！

パスの作り方が難しい…
と感じる人は
動画もチェック！

TIPS

ベクトルマスクは、レイヤーの右側に追加された［ベクトルマスクサムネール］をクリックするとパスが表示され、［ペンツール］で形を調整することができます。

このSTEPで使用する
主な機能

Camera Raw フィルター

スマートオブジェクト

写真の水平垂直を整えよう

動画で確認

ラフに撮った写真でも、水平垂直を整えるだけで印象がよくなります。撮影時に斜めになってしまった写真の水平垂直を整えて、すっきりとした写真にしましょう。

事前準備

課題ファイル「STEP10-01.jpg」をPhotoshopで開きます。

アパレルショップの店内写真です。奥行きが感じられるよい写真ですが、左右の棚が垂直になっていないためどことなく不安定感があります。この写真の水平垂直をまっすぐに整えてみましょう。

準備

完成図

🗁 sample/level3/STEP10-01.jpg

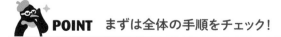

POINT まずは全体の手順をチェック!

- 写真を［スマートオブジェクト］に変換する
- ［Camera Rawフィルター］の［ジオメトリ］で水平垂直を調整する

1 写真をスマートオブジェクトに変換する

[**レイヤーパネル**]を右クリックして[**スマートオブジェクトに変換**]を選択します **1・1** 。

[**フィルター**]メニューから[**Camera Raw フィルター**]を選択します **1・2** 。

設定ウィンドウが開いたら、右側の[**ジオメトリ**]をクリックして詳細を表示します **1・3** 。

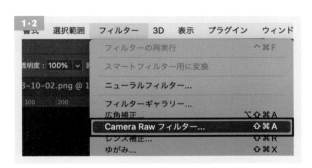

ジオメトリには、クリックだけで調節できる[**自動**][**水平**][**垂直**][**水平・垂直両方**]、4種類の補正方法があります。今回の写真は左右に写っている棚の縦のラインが目立つので、垂直を補正するのがよさそうです。

❶[**垂直:水平および垂直の遠近法の補正を適用**]をクリックして **1・4** 、左側のプレビューを確認します。

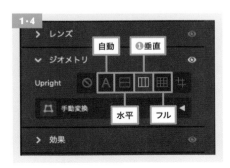

135

水平線

補正された天井のラインが左に下がっている

縦のラインはまっすぐ垂直になりましたが、写真の奥にある建物の天井のラインが水平線に対し、少しだけ左に下がっているのが気になります 1・5 。

1つ右にある[**フル：レベル、水平および垂直の遠近法の補正を適用**]を選択します 1・6 。今度は奥の天井もきれいに水平になりました 1・7 。

補正の影響で、写真の一部がカンバスの外にはみ出てしまったので、全体を少し縮小します。[**手動変換**]をクリックして詳細を開き、[**拡大・縮小**]を左側に移動 1・8 させて、全体が見えるところまで調節します 1・9 。

設定が終わったら[**OK**]で決定します。

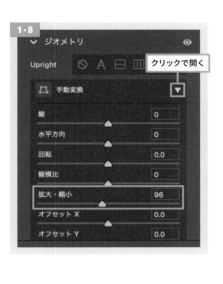

ウィンドウが閉じ、ジオメトリの結果が反映されました。[**レイヤーパネル**] を 確 認 す る と、[**スマートフィルター**] と [**Camera Rawフィルター**] がレイヤーに追加されています **1・10** 。

[**Camera Rawフィルター**] の表示をダブルクリックすると、先ほどの設定ウィンドウが開いて、再編集することができます。[**切り抜きツール**] で、透明な背景の部分を避けてトリミングしたら完成です。

完成

完成！

137

COLUMN　ガイドを引いて角度を変更する

斜めから撮った写真でも［Camera Rawフィルター］の［ジオメトリ］を使えば、正面の図に変更することができます。

ここではメニューの1番右側の［ガイド付き］を選択して、写真の中に引いたガイドに合わせて写真の角度を変更しましょう。

図の順にクリック＆ドラッグでガイドを本に合わせて4本ひくと、本が正面になりました。写真を変形させているため、縦横比率の確認は必要ですが、とても便利な機能です。

本の形に沿ってガイドを引く

本が正面の状態になった

STEP **11**

（30分）

スマホの画面にデザインを合成してみよう

このSTEPで使用する主な機能

ペンツール

クリッピングマスク

ブラシツール

遠近法ワープ

［遠近法ワープ］を使うと、遠近感のある素材にも違和感なくレイヤーを合成することができます。スマホを持った写真にスマホアプリの画像を合成して、アプリの使用シーンを想定させるビジュアルを作ってみましょう。

動画で確認

事前準備

課題ファイル「STEP11-01.jpg」をPhotoshopで開きます。

準備

完成図

📁 sample/level3/STEP11

写真の編集方法をマスターしよう

LEVEL
3

2

1

0

 POINT まずは全体の手順をチェック！

- ［長方形ツール］と［ペンツール］でスマホの画面の形のシェイプを作る
- ［遠近法ワープ］を使用してスマホの角度にする

1 スマホ画面の形の角丸シェイプを作成する

スマホアプリの画像をクリッピングマスクで表示するために、まずはスマホの画面の形のシェイプを作成します。

[**長方形ツール**]を選択し 、オプションバーで[**シェイプ**][**塗り：#ffffff**][**線：なし**]に設定して、スマホと同じくらいのサイズの長方形を作成します。

マスクに使用するためのシェイプなので塗りは何色でもOKですが、今回は見やすいように白（#ffffff）に設定しました。長方形シェイプの四隅を見ると◎のマークが表示されています。

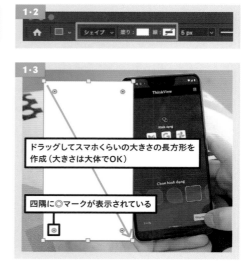

このマークを選択して内側にドラッグすることで角丸に変形することができます。スマホの角丸と同じくらいの大きさになるよう調節します。

作成したシェイプを自由変形を使ってスマホの「画面の形」に合わせて遠近感（手元を大きく、遠くを小さく）をつけていきます。[**command**]（[Ctrl]）+[**T**]キーを押すと、自由変形ができる状態になりました。[**command**]（[Ctrl]）キーを押しながらバウンティングボックスの角を1つずつクリック＆ドラッグすると、角を個別に変形できます。スマホの画面に合わせて変形していきましょう。形が決まったら[**return**]（[Enter]）キーで決定します。

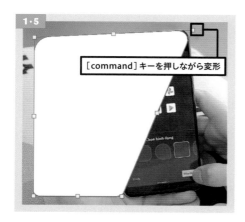

写真の編集方法をマスターしよう

LEVEL
3

2

1

0

COLUMN

このようなウィンドウが出てきたら、[はい]を選択しましょう。長方形ツールで作成したシェイプはあとから角丸などを設定できる「ライブシェイプ」で作成されますが、自由変形することで通常のシェイプ（角丸などを設定・変更できない）に変換されます。

2　カメラ部分と指がかぶっている部分を切り抜く

スマホ上部にあるカメラ部分のシェイプを作ります。作成するシェイプの形がわかりやすいよう **1** で作成したシェイプのレイヤーは一旦非表示にしておきます **2・1** 。

[**ペンツール**] を選択して[**シェイプ**]を選んだら、図を参考にアンカーポイントを作成しながら、カメラ部分をぐるっと囲んでシェイプを作成します **2・2** 。

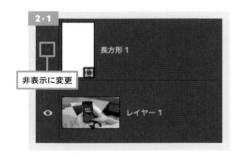

下に移動して、指の部分のシェイプも作っていきます 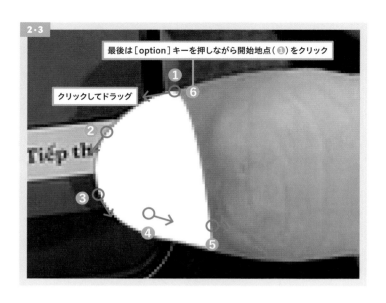。

最後は［option］キーを押しながら開始地点（①）をクリック

クリックしてドラッグ

作り終わったらスマホの角丸シェイプを表示状態に戻しましょう。3つのシェイプを結合させます。3つのレイヤーを［**shift**］キーを押しながらすべて選択し、［**レイヤー**］メニューの［**シェイプを結合**］→［**前面シェイプを削除**］を選択します。これはシェイプが重なり合った部分を、前面にあるシェイプの形で切り抜くというものです 。

角丸シェイプを表示状態に戻し、3つのレイヤーを選択

3つあったシェイプが1つに結合され、カメラと指の部分が削除されました 2・5 。

前面にあったシェイプが削除された状態でレイヤーが統合された

3 スマホの画面デザインを配置する

スマホの画面デザインを貼り込んでいきます。
作例フォルダから「app.png」をカンバスにドラッグして[**return**]([Enter])キーで決定します 3・1 。画面からはみ出していますが、このあと調整するのでサイズを気にする必要はありません。

作例フォルダから「app.png」をカンバス上にドラッグ

[スマートオブジェクトに変換]後、[command]+[T]キーを押し、[shift]キーを押しながらサイズを縮小

配置した「app.png」のレイヤーを右クリックして[**スマートオブジェクトに変換**]を選択します。[**command**]([Ctrl])+[**T**]キーを押して自由変形にし、[**shift**]キーを押して、縦横比を固定した状態でバウンディングボックスを画面に収まるサイズまでドラッグします 3・2 。サイズは大体で構いません。

143

画像サイズを変更したら、[遠近法ワープ]を使用して、スマホの画面に合わせて遠近感をつけましょう。[app]レイヤーを選択した状態で[編集]→[遠近法ワープ]を選択します。アプリ画面全体をドラッグして選択できたら、[return]([Enter])キーで決定します 3·3 。

四隅のアイコンの形が○に変化したら 3·4 、4つの点をクリック&ドラッグしてスマホの角（かど）に合わせていきます 3·5 。形が決まったら[return]([Enter])キーで決定します。先ほど作成した白いシェイプギリギリの大きさにせず、少しだけ大きめにするのがポイントです。

変形させたアプリの画面デザインのレイヤーを選択して、[**レイヤーパネル**]のパネルメニューから[**クリッピングマスクを作成**]を選択します 3·6 。これで先ほど作ったシェイプの形にマスクされました。

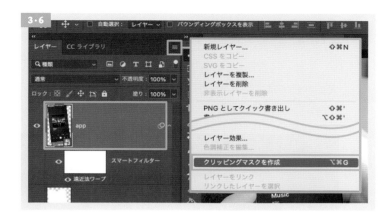

完成

レイヤーパネルで遠近法ワープをダブルクリックすると、再調整可能になります。

自然な
仕上がりに
なったね

TIPS 指の影をつける

元の写真ではスマホの画面右下に、親指の影がありました。これをブラシで描くと、より本物らしく再現できます。

元の写真の影

参考にしてブラシで描いた影

COLUMN ［遠近法ワープ］を使うメリットとは？

今回のようなシンプルな形の貼り込みは［自由変形ツール］を使って対応することも可能です。ただし、この2つを見比べてみると、［遠近法ワープ］の方が、変形による画質の荒れが起こりにくいことがわかります。仕上がりに差が出るため、単純な形であっても［遠近法ワープ］を使う方がきれいに仕上がります。

自由変形
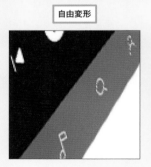

遠近法ワープ
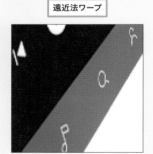

STEP 12
40分

写真の見切れた部分を付け足してみよう

このSTEPで使用する主な機能

ブラシツール

レイヤーマスク

コピースタンプツール

コンテンツに応じた塗りつぶし

動画で確認

写真の中で見切れてしまった部分を、[コンテンツに応じた塗りつぶし]や[コピースタンプツール]を使って描き足してみましょう。

事前準備

課題ファイル「STEP12-01.jpg」をPhotoshopで開きます。頭の上が切れている構図ですが、もう少し上まで写っていたらデザインの幅が広がると考えました。Photoshopが自動で写真を補完してくれる[**コンテンツに応じる**]や、[**コピースタンプツール**]などを使って、背景と女性の頭を、自動で生成&手作業で描いてみましょう。

準備

📁 sample/level3/STEP12-01.jpg

完成図

POINT まずは全体の手順をチェック！

- カンバスを上に伸ばして、[コンテンツに応じる]で背景を補完する
- [コピースタンプツール]を使って頭の上の部分を描く
- 不要な部分をレイヤーマスクで隠す

写真の編集方法をマスターしよう

LEVEL
3

2

1

0

1 カンバスを広げて背景を作成する

まず、[**背景**]レイヤーのロックアイコンをクリックして、ロックを解除します 1·1 。

次にカンバスサイズを上に広げて、頭を描き足すスペースを作ります。[**切り抜きツール**]を選択し 1·2 、カンバスに現れたバーを上にドラッグして任意の大きさに設定したら[**return**]([Enter])キーで決定します 1·3 。

クリックしてロックを解除

ドラッグしてカンバスを上に伸ばす

写真の情報を使って広げたカンバス部分の背景を作成します。[**長方形選択ツール**]を選択して透明な部分をドラッグし、選択範囲を作成します 1·4 。新しく作る背景との境目ができないように、選択範囲を数ピクセル写真に重なるようにします。

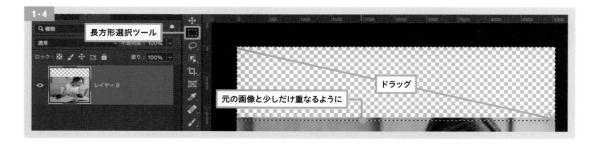

長方形選択ツール

ドラッグ

元の画像と少しだけ重なるように

レイヤーを選択した状態で、メニューから[**編集**] →[**コンテンツに応じた塗りつぶし**]を選択します 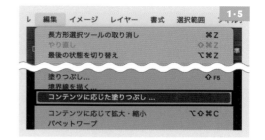。これは、周囲にあるコンテンツから予測して、選択した部分を塗りつぶしてくれる機能です。

設定ウィンドウが開いたら、並んだ2枚のうち、右側のプレビューを確認しましょう。背景が延長して塗りつぶされている一方で、女性の髪の毛も反映されてしまい、不自然になってしまいました **1・6** 。

左：参照する場所を設定する画面

右：結果のプレビュー

左側の元の写真を確認すると、一部が緑色に表示されています。ここが[**コンテンツに応じた塗りつぶし**]にて参照されている部分です。

今回は髪の毛を参照して欲しくないので、 **1・7** の[-]のブラシを選択し、クリック&ドラッグで髪の毛の部分の緑を消していきます。

反対に、参照して欲しいところは[+]のブラシで塗りつぶします。デスクまわりも参照してほしくないので[-]ブラシで消します。背景の木の細工の角も、複製されると不自然なので[-]ブラシで消しました(プレビュー画面で女性の頭が欠けていてもこのあと調整するので問題ありません)。

149

1・7

+ ○ サイズ 189

この段階で欠けている部分があってもOK

−ブラシ…参照する範囲を消す

+ブラシ…参照する範囲を増やす

−ブラシで人物が写っている
あたりと下半分を消す

角も参照範囲から消す

右側のパネルで[**出力先：新規レイヤー**]に設定され
ていることを確認し 、右下の[**OK**]ボタンを押
すと、プレビュー画面で表示されていた画像が新規レ
イヤーとして作成されました 1・9 。[**command**]
（[Ctrl]）+[**D**]キーで選択範囲を解除します。

1・8

出力設定

出力先　新規レイヤー

1・9

ロック：　　　　　　　　　　塗り：100%

レイヤー 0 のコピー

レイヤー 0

生成されたレイヤー

背景の不自然なところ 1・10 は、[**コピースタンプツー
ル**]で調整します。先ほど生成されたレイヤーを選択
し、[**コピースタンプツール**]を選択します 1・11 。

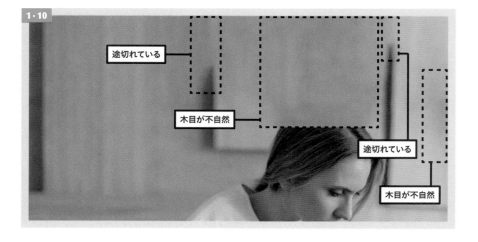

1・10

途切れている

木目が不自然

途切れている

木目が不自然

1・11

コピースタンプツール

［**ブラシの直径：250px**］、［**ブラシの硬さ：0%**］に
設定します 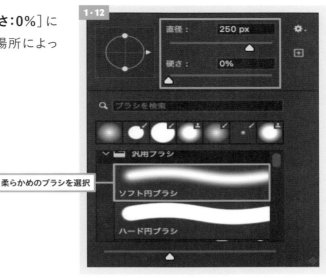 。ブラシの大きさは場所によっ
て変えていきましょう。

柔らかめのブラシを選択

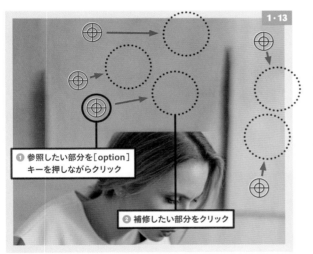

❶ 参照したい部分を［option］
キーを押しながらクリック

❷ 補修したい部分をクリック

［**option**］（［Alt］）キーを押すとカーソルが
⊕ に変化します。このカーソルで「参照し
たい部分」をクリックします。するとカーソ
ルがブラシに変化して、今参照した部分が
表示されています。このブラシで「補修し
たい部分」を描いていきます。
まずは木目を整えましょう。［**option**］
（［Alt］）キーの◎カーソルで参照したいとこ
ろをこまめに変えながら、不自然なところ
が自然になるように馴染ませます 1·13 。

次に、頭の上の部分を書きます。ここの後ろに、壁の細工の木
の境目があると仮定して、右側の少し明るい木目を参照して、
縦に描いていきます。［**shift**］キーを押すとまっすぐ描けます
1·14 。

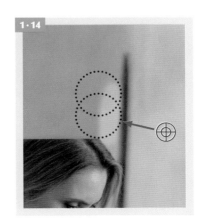

151

最後に縦のラインを描きます。場所に応じてブラシの大きさを変えながら、[shift]キーを押しながら上に描いていきます。女性の頭を塗りつぶしすぎないように気をつけましょう 1·15 。

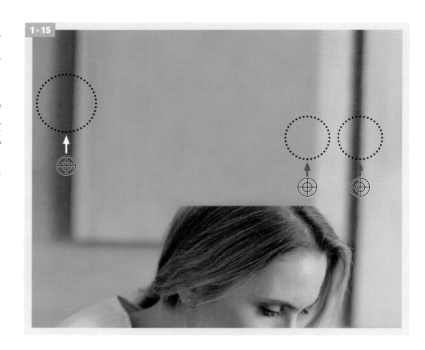

2 女性の頭を作る

1 と同じ手順で、女性の頭も作ります。[**レイヤー0**]を選択し、[**長方形選択ツール**]で、女性の頭があるであろう範囲をドラッグして選択範囲を作成します 2·1 。少し写真に重なっても問題ありません。

メニューの[編集]→[コンテンツに応じた塗りつぶし]を選択します 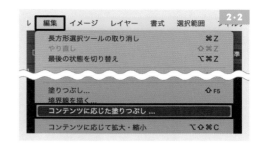 2·2 。

設定ウィンドウのプレビューで、髪の毛以外のものが参照されている場合は、[-]ブラシを使って参照範囲を消します。完了したら[OK]を押しましょう 2·3 。[command]([Ctrl])+[D]キーを押して選択範囲を解除して、髪の毛のレイヤーを一番上に移動します。

参照範囲に含めたい部分は「＋」、消したい部分は「−」

[＋][−]ブラシで髪の毛の部分のみを選択する

髪の毛の分け目が揃うように

髪の毛の流れに少し不自然さが残っているので 2·4 、[コピースタンプツール]で流れを馴染ませていきます。

髪の毛の向きが不自然

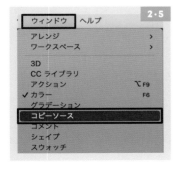

メニューから[ウィンドウ]→[コピーソース]を選択 2·5 してパネルを開きます 2·6 。[コピーソースパネル]ではコピースタンプツールの詳細な設定ができます。

153

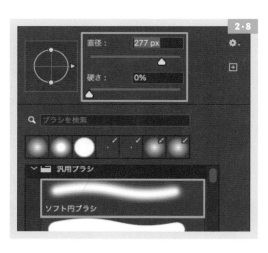

［コピースタンプツール］ 2・7 を選択し、［ブラシの直径：277px］［ブラシの硬さ：0％］［不透明度：50％］に設定します。ブラシの大きさは場所によって変えていきます 2・8 2・9 。

髪の毛は奥に行くほど角度が垂直になるので、まず［コピーソースパネル］で［コピーソースを回転：-10］に設定して、参照したい部分を［option］（［Alt］）キーを押した ⊕ カーソルでクリックして、髪の毛の奥の方をスッスッと短いストロークで描画して、馴染ませていきます 2・10 。次に［コピーソースを回転：-5］に設定して、同様に手前の方を馴染ませます。

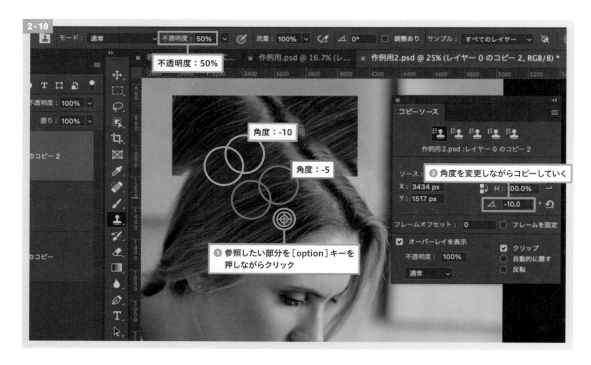

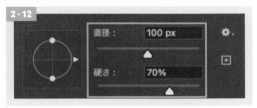

髪の毛が馴染んだら、不要な部分をレイヤーマスクで隠して頭の形にします。[**レイヤーパネル**]下から[**レイヤーマスクを追加**]して 、[**ブラシツール**]を選び、[**描画色：#000000**]に変更し、ブラシの設定を[**直径：100px**][**硬さ：70**]にします 2・12 。

レイヤーマスクサムネールを選択して、女性の頭の形を予想しながら、不要な部分を[**描画色：#000000（黒）**]で塗っていくと、非表示にすることができます 2・13 。削りすぎて頭が小さくなってしまったときは、[**描画色：#FFFFFF**]にして塗ると、表示されます 2・14 。

非表示部分のレイヤーマスクを黒で塗りつぶす

表示部分のレイヤーマスクを白で塗りつぶす

完成

ブラシツールで
髪の毛の一本一本を
書き足すと
より自然になります

写真の編集方法をマスターしよう

LEVEL
3

2

1

0

155

STEP **13**

ビルの電線を消してみよう

動画で確認

お店やビルなど、外で建物を撮影するときに避けられないのが「電線」です。デザインの中で建物をスッキリ見せたい場合、電線を消すという提案もできます。

事前準備

課題ファイル「STEP13-01.jpg」をPhotoshopで開きます。

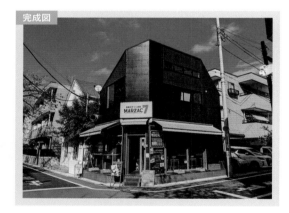

📁 sample/level3/STEP13-01.jpg

POINT まずは全体の手順をチェック！

Photoshopにはさまざまな画像修復ツールが用意されています。それぞれ「どこかに修復のサンプルがあるか」「規則正しいパターンがあるか」「周囲の情報をもとに自動で修復できそうか」などの条件で、修復に向いているツールは変わります。
今回は次の3つを使い分けていきます。

- 自動でサッと修復できそうなもの…［スポット修復ブラシツール］
- 規則正しいパターンを繋ぎながら修復するもの…［パッチツール］
- ざらっとした質感と、規則的なパターンがあるもの…［コピースタンプツール］

1 空の上の電線を削除する

写真のレイヤーにそのまま変更を加えるのではなく、新規レイヤーを追加して補修を描画しましょう。元のレイヤーはそのままの状態で保持されるため、やり直しが容易になります。

［**レイヤーパネル**］下の［**新規レイヤーを追加**］をクリックします。修復する場所ごとにレイヤーを追加していくため、後々混乱しないようにレイヤー名は変更しておきましょう。レイヤー名をダブルクリックして名前を「空」に変更します **1・1** 。

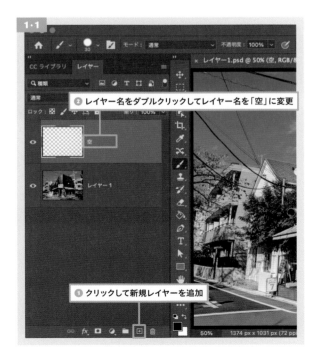

157

［**スポット修復ブラシツール**］を選択し 、オプションバーで［**ブラシサイズ：30px**］［**コンテンツに応じる**］［**全レイヤーを対象**］にチェックを入れます 。ブラシで青空の上の電線をなぞっていくと 、自動で空が描画されます 。上下2本の電線を消していきましょう。

COLUMN

新規レイヤーを作成して「参照元を写真レイヤー」にして補修を描画していけば、元の写真レイヤーは変化しません。また、この方法の場合、スマートオブジェクトのような直接編集することができないレイヤーにも修復ツールが使えるようになります。

2 向かって右側の電線と影を削除する

向かって右側の壁は細かい縦の凹凸があり、電線を消すのはなかなか骨が折れそうです。しかしよく見ると、電線の上下には同じ凹凸の壁があります。これを利用して素早く仕上げていきます **2·1** 。

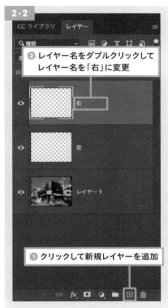

新規レイヤーを追加して「右」という名前に変更します **2·2** 。

右側の壁は[**パッチツール**]を使用します。[**パッチツール**]は、「補修したい部分」をぐるっと囲み、「参照したい部分」までドラッグすると自動で補修されるツールです。オプションバーで[**コンテンツに応じる**][**全レイヤーを対象**]にチェックを入れます **2·3** 。

電線と影の部分をぐるっと囲み、選択範囲が作られたら、少し上のきれいな壁の部分までドラッグします。ドラッグした先を参照し、選択範囲が自動で描画されました 2·4 。今回のような凹凸の細かいパターンは、表示がずれることがあるため、1回で済まそうとせず、数回に分けて作業するときれいに補修できます 2·5 。同様に右の壁の下の部分の影も補修します。

2·4
❷ 参照したいところまで選択範囲をドラッグする
❶ 補修したい所を囲み…

2·5
❸ 参照した範囲を参考に補修された
細かいパターンはずれやすいため、数回に分けて補修する

3 向かって左側の電線の影を削除する

向かって左側は細かいパターンではないものの、ざらっとしたテクスチャと規則的に並ぶプレートとビスのようなものがあり、 1 の空のように、[**スポット修復ブラシツール**]で自動的に補修することは難しそうです。同じ形のプレートからコピーして補修します。ここではSTEP 12でも使った[**コピースタンプツール**]を使用します。新規レイヤーを追加して「左」という名前に変更します 3·1 。

3·1
新規レイヤーを追加して、名前を「左」に変更

［コピースタンプツール］を選択 3・2 したら、オプションバーで［直径：25px］［硬さ：100％］［ハード円ブラシ］［不透明度：50％］に設定し、［すべてのレイヤー］を選択します 3・3 。

コピーしたテクスチャの境目が不自然になってしまうこともあるため、今回は不透明度を半分にして進めていきましょう。STEP 12で行ったように［コピースタンプツール］は、まず「参照したい部分」を指定し、設定したブラシのサイズのスタンプで「補修したい部分」を塗りつぶしていきます。

［option］（［Alt］）キーを押して表れる ⊕ のカーソルで、影のない壁の部分をクリックすると、カーソルがブラシ表示になり、先ほどクリックした部分を参照したテクスチャで塗ることができます。「補修したい部分」に移動して、クリックして塗りつぶします 3・4 。

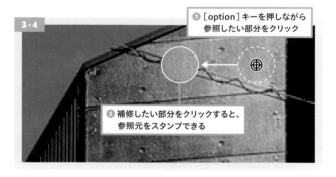

❶［option］キーを押しながら参照したい部分をクリック

❷補修したい部分をクリックすると、参照元をスタンプできる

ドラッグしながらブラシで塗りつぶすとき、「参照した部分」もブラシの動きに連動します。不要なところを参照しないように、こまめに参照する場所を変えながらコピーしていくと、自然な仕上がりになります 3・5 。

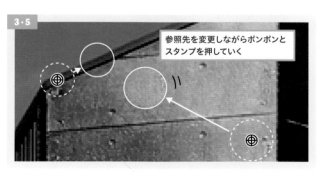

参照先を変更しながらポンポンとスタンプを押していく

ビスやプレートなど、規則性を持って並んでいるものは、場所やつながりに注意して修復していきます 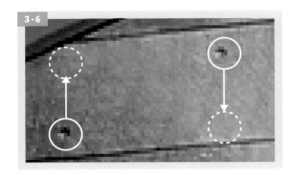  。

完成

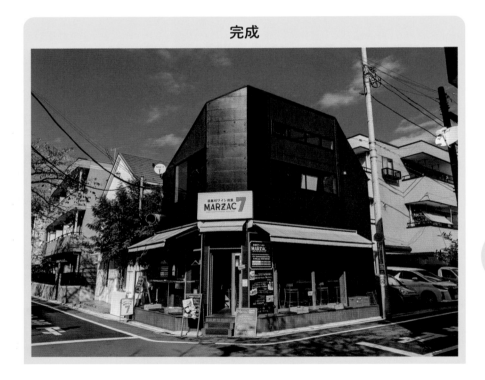

完成！

STEP 14

写真の背景を ぼかしてみよう

動画で確認

Photoshopの新しいワークスペース［ニューラルフィルター］は、アドビのAI「Adobe Sensei」を利用して数クリックでさまざまな表現をつけられる機能です。数あるフィルターの中から［深度ぼかし］を使って、写真の「被写界深度（カメラレンズのピントが合う範囲のこと）」を変更してみましょう。

事前準備

課題ファイル「STEP14-01.jpg」をPhotoshopで開きます。

準備

完成図

📁 sample/level3/STEP14-01.jpg

 POINT まずは全体の手順をチェック！

- 写真を［スマートオブジェクト］にする
- ［ニューラルフィルター］の［深度ぼかし］で背景をぼかす

写真の編集方法をマスターしよう

LEVEL
3

2

1

0

163

1 写真をスマートオブジェクトに変更する

写真レイヤーをスマートオブジェクトに変換します **1・1** 。写真には女性が2人並んでいますが、デザイン的に「右側の女性をより目立たせたい」と考えました。そこで、右側の女性にのみピントがあった状態（左側の女性と背景はボケたようなイメージ）を作っていきます **1・2** 。

手前の女性を目立たせる

2 ニューラルフィルターでぼかしをつける

スマートオブジェクトのレイヤーを選んだ状態で、［**フィルター**］→［**ニューラルフィルター**］を選択します **2・1** 。ニューラルフィルターの設定画面が開きました **2・2** 。

画面の右側に設定画面が開いた

設定項目の中から[**深度ぼかし**]を選択します。はじめて[**深度ぼかし**]を使用するときは、まず機能をダウンロードする必要があります。[**ダウンロード**]ボタンをクリックしましょう **2・3**。

ダウンロードが完了すると右側に設定画面が表示されました。デフォルトでは[**被写体にフォーカス**]にチェックが入っていますが、今回は右側の女性にフォーカスしたいので、チェックを外します。すると、写真の中で焦点を選択できるようになるので、右側にいる女性の顔の真ん中あたりをクリックします **2・4**。

左側のプレビュー部分で手前の女性にフォーカスされたことが確認できます **2・5**。

❸ 手前の女性がフォーカスされた

165

プレビューを確認しながら、右側のパネルの[**焦点範囲**]と[**ぼかしの強さ**]を調節していきます。[**焦点範囲**]は数字が大きくなるにつれ、ピントが合っている範囲が広くなっていきます。

今回は[**焦点範囲：10**]、[**ぼかしの強さ：60**]に設定しました  。この状態で[**OK**]ボタンを押します。右側の女性だけがフォーカスされた状態になりました。

ダブルクリックでやり直すことが可能

[**レイヤーパネル**]を見ると、適用した[**ニューラルフィルター**]が[**スマートフィルター**]の形で適用されています。[**スマートフィルター**]はダブルクリックで先ほどの設定を何度でもやり直すことができます  。

完成

COLUMN　ぼかし（ガウス）とニューラルフィルターの違い

背景をぼかすときに一般的なのは［フィルター］→［ぼかし（ガウス）］機能です。今回使用した［深度ぼかし］と結果がどう異なるのか確認してみましょう。

同じ写真に［ぼかし（ガウス）］を適用し、右側にいる女性の部分にレイヤーマスクをかけてぼかしを隠しました。ぼんやりとしたぼかしが全体的にかかっていることがわかります。改めて［深度ぼかし］をかけた画像を見てみると、こちらは奥の女性と、そのまた奥の鏡でぼかしの強さが異なるように処理されていることがわかります。

［深度ぼかし］：焦点から離れるほどぼかしが強くかかっている

［ぼかし（ガウス）］：距離に関係なく全体的にぼかしがかかっている

全体的にレイヤーをぼかしたいときには［ぼかし（ガウス）］機能、奥行きがあって被写界深度を変更するような処理をしたいときには［深度ぼかし］機能を使い分けるとよいでしょう。

STEP **15**

コーヒーの写真に湯気をプラスしよう

動画で確認

料理をよりおいしそうに見せるため、湯気の写真を合成します。白黒の湯気の写真なら、[描画モード] を使って手軽に合成できます。

このSTEPで使用する主な機能

- レイヤーマスク
- ブラシツール
- スマートオブジェクト
- 調整レイヤー

事前準備

課題ファイル「STEP15-01.jpg」Photoshopで開きます。

コーヒーを淹れている写真ですが、湯気があれば見ている人にもっと「飲みたいな」という気持ちになってもらえそうです。[**ブラシツール**]でリアルな湯気を描くのはむずかしいので今回は実際の湯気の写真「steam-01.jpg」を使って、写真を合成していきます。

準備

📁 sample/level3/STEP15

準備

steam-01.jpg
撮影：久岡健一

POINT まずは全体の手順をチェック！

- 写真の上に湯気の画像を配置して [スマートオブジェクト] にする
- 湯気の画像を白黒に、くっきりと補正する
- [描画モード] を変更して、白い湯気の部分だけを表示させる

完成図

1 写真を配置する

今回はコーヒーのレイヤーには特に変更を加えないため、このまま作業していきます。[**command**]
([Ctrl])＋[**shift**]＋[**S**]キーを押して、別名保存で任意のファイル名を付けて保存しておきましょう。
「steam-01.jpg」をカンバスの上にドラッグし、そのまま[**return**]([Enter])キーで配置します `1・1` 。
湯気の写真は補正やサイズを変える予定があるので、[**スマートオブジェクトに変換**]しておきます。

steam-01.jpgをカンバス上にドラッグ。
スマートオブジェクトに変換しておく

2 湯気の写真を補正する

湯気をくっきりさせるため、[**steam-01**]のスマートオブジェクトのアイコンをダブルクリック `2・1` し
て、中身を開いて補正します。別タブでスマートオブジェクトのファイルが開いたら `2・2` 、[**レイ
ヤーパネル**]下のアイコンから[**明るさ・コントラスト**]の調整レイヤーを追加します `2・3` 。白い湯気
の部分が濃くなるように[**明るさ**]を右に上げて、ほわっとした湯気にしたいので[**コントラスト**]を下げ
ます。今回は[**明るさ:96**][**コントラスト:-16**]とすると `2・4` 、湯気の印象が変化しました `2・5` 。

ダブルクリック

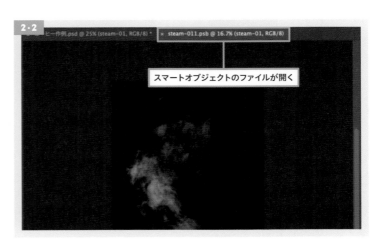

スマートオブジェクトのファイルが開く

写真の編集方法をマスターしよう

LEVEL
3

2

1

0

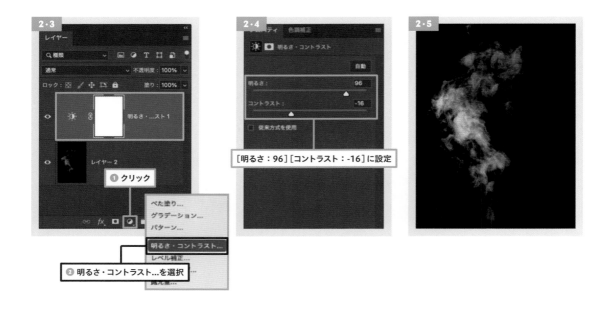

次に、彩度を落として白黒にします。[**レイヤーパネル**]下のアイコンから[**色相・彩度**]の調整レイヤーを追加します 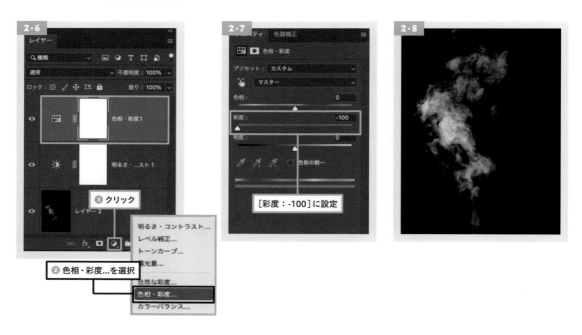。白黒にするには[**彩度**]を下げるので、ポイントを左側に[**彩度：-100**]まで移動させます。

これで湯気の補正は終了です。[**command**]（[Ctrl]）+[**S**]キーで変更を保存して、スマートオブジェクトのタブを閉じます。

湯気の白いところだけ残った

元のカンバスに戻ったら、湯気のレイヤーを選択して[**レイヤーパネル**]を[**描画モード：スクリーン**]に設定します。黒い部分が消え、湯気の白い部分だけが残りました 。

特典PDFには、料理の上に湯気をプラスする課題があります

[**command**]（[Ctrl]）+[**T**]キーの自由変形で、コーヒーサーバーの形に合わせて回転、縮小します。これで完成です **3·2** 。

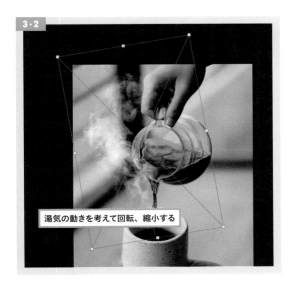

湯気の動きを考えて回転、縮小する

完成

写真の編集方法をマスターしよう

LEVEL
3

2

1

0

LEVEL 3

補講

5分

特典の課題ファイル をチェックしよう②

STEP 15 の「コーヒーに湯気をプラスしよう」をさらにアレンジして料理写真に湯気をプラスしてみましょう。

このSTEPで使用する 主な機能

スマートオブジェクト

明るさ・コントラスト

色相・彩度

ブラシツール

調整レイヤー

■ 料理写真に湯気をプラスする

本書の購入者用の特典として、ラーメンの写真に湯気を追加する補講 PDF をダウンロードできます。コーヒーより口の大きなどんぶりに、違和感なく湯気を追加するためのコツをマスターしましょう。

準備

完成図

特典のドリルや作例の課題ファイルは、以下サポートサイトからダウンロードできます。
https://book.mynavi.jp/supportsite/detail/9784839979027-tokuten.html

上記 URL にアクセス後、「補講.zip」を選択してダウンロードしてください。解凍すると、LEVEL ごとに分かれた補講用の PDF ファイルと使用する課題ファイルが格納されています。

見た人が「おいしそう」と 思えるように 追加しよう

LEVEL
4

Photoshopで
デザインを作ろう

ここまで学んできたツールや機能を組み合わせ、応用して1つのデザインを作っていきましょう。工程は多いですが、新しく登場するツールや機能は多くありません。まずは工程通りに作ってみて、流れが理解できたらオリジナルの設定や要素を組み合わせてみましょう。

デザインとは何か考える

実際にデザイン制作に入る前に、よいデザインとは何か考えてみましょう。
デザインをするときに心掛けてほしいことについてもまとめています。

■ デザインするときに考えること

この章からは、バナーやサムネールなどデザインを1つ完成させる工程を学んでいきます。

本書は「Photoshopの使い方を学ぶ本」なので、手順通りに実践していけばデザインが完成します。しかし実際の制作では、Photoshopを起動する前からデザインは、はじまっています。これから作るバナーやサムネールはどこに掲載されるのか、それを見てくれるユーザーはどんな人か、依頼主のクライアントの要望はどんなものかなど、さまざまな要件を鑑みたうえでラフや方向性を考えてPhotoshopで仕上げていきます。

「何色にしよう」「どんな写真を使おう」ではなく、「この商品はどんなものか」「このデザインの目的は何か」「見てくれる人に何を伝えるか」を考えて制作に臨みましょう。

お客さんは何のためにドリルを買う？

ドリルを買おう

DIYにはドリルが便利

「顧客はドリルが欲しいのではない、穴が欲しいのである」という言葉があります。商品そのものをアピールするのではなく、その商品を使って何をするのか？　を考えることがデザインのヒントになります。

■ デザインの落とし穴

例えばバナーデザインを作るとき、デザイナーは何時間もアートボードの中のデザインと向き合って制作しています。そのうち「多くの場合、ユーザーはバナーを一瞬しか見ない」ものだということを忘れ、「しっかり読みこまないと伝わらない複雑なデザイン」を作ってしまいがちです。バナーやサムネールが掲載される場所は、通常その制作物以外にもさまざまな要素があるものです。そんな中で目にパッと飛び込んでくるように、「読ませる」のではなく「目を引くメリハリがあるか」を考えて制作しましょう。

街にはたくさんのポスターが貼られています。しかし、人はポスターを見に出かけるわけではありません。まず「どうやって目に留めてもらうか」が重要です。

■ デザインは一度で決まらない

制作したデザインがクライアントに一度で通るということは、まずありません。方向性が違う、文言を差し替える、色のバリエーションを作るなど、修正が発生することは多々あります。そのような際、「編集に強い作り方をしているか」「わかりやすい作り方をしているか」ということが重要になってきます。そのため、本書は一貫して「編集に強い作り方」を推奨しています。作例に取り組む際も、実際の現場と同じように、完成後に自分なりのアレンジを加えるなど、ぜひ試行錯誤してみてください。

STEP 2

SNS用告知画像を作ろう

Adobe Fonts

段落パネル

文字ツール

長方形ツール

書き出し

動画で確認

写真とテキストを使ってファッションブランドを想定したシンプルなSNS用告知画像を作りましょう。テキストを入力するデザインの基本も学んでいきます。

事前準備

ファッションブランドの先行受注会の予告画像を作成します。
Instagramで使用するため、縦横「1080px」の正方形画像として制作しましょう。支給された服の写真は、色や形を受注会当日のお楽しみにするために、あえて白黒に変更して使用します。

準備

完成図

AUTUMN/WINTER
COLLECTION

先行受注会
ご予約受付中

📁 sample/level4/STEP02

POINT　まずは全体の手順をチェック!

- [カンバス]を作成する
- 写真を配置して[調整レイヤー]で白黒にする
- [長方形ツール]でシェイプを作成して[描画モード]で色を重ねる
- [テキストツール]で文字を入力する、[長方形ツール]でアクセントを作成する
- 全体を[整列]して整える
- 画像を適した形式で書き出す

1 フォントをアクティベートする

デフォルトでは文字サイズの単位が「point」になっているため[**Photoshop**]メニュー（Windowsは[編集]メニュー）→[**環境設定**]→[**単位・定規**]で[**文字：pixel**]に設定しておきます 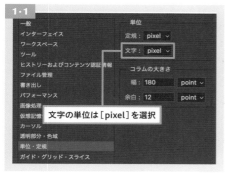 。また、制作の前にAdobe Fontsにアクセスして、「Ratio Modern Regular」と「りょう Text PlusM」をアクティベートしましょう （83ページの「Adobe Fontsの使い方」参照）。これでデザインの中でこのフォントを使えるようになりました。

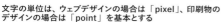

文字の単位は、ウェブデザインの場合は「pixel」、印刷物のデザインの場合は「point」を基本とする

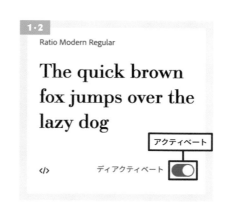

2 カンバスを作る

今回はバナー画像を1つ作成するため、アートボードではなくカンバスで作成しましょう。Photoshopに戻り、[**command**]（[Ctrl]）＋[**N**]キーを押して新規ドキュメント作成画面を開き、[**Web**]タブ→[**Web一般**]のプリセット画面で幅と高さを「1080ピクセル」と入力し、[**アートボード**]のチェックを外して右下の[**作成**]ボタンをクリックします 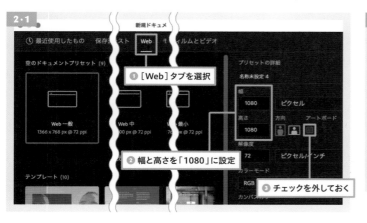 。設定したサイズのカンバスが作成されました 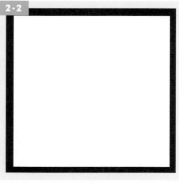 。作業開始前に[**command**]（[Ctrl]）＋[**shift**]＋[**S**]キーでPSDデータとして保存しておきましょう。

3 写真を配置して調整する

作成されたカンバスに写真を配置します。
「STEP02」フォルダの中にある「fashion.jpg」
をカンバスの上にドラッグ&ドロップします。カ
ンバスより写真が大きく配置されますが、そのま
ま[**return**]([Enter])キーで配置を決定しましょ
う 3·1 。

配置した写真は、レイヤーパネル上で右クリッ
クして[**スマートオブジェクトに変換**]します。

「fashion.jpg」をカンバス上にドラッグして
[return]キーで配置を決定

[**command**]([Ctrl])+[**T**]キーを押して自由変形状態に変更し、写真のサイズをちょうどよい大き
さに変更します。このとき、[**option**]([Alt])+[**shift**]キーを押すと、比率を保ったまま、写真の中
心を基点にしながら縮小・拡大が可能です 3·2 3·3 。

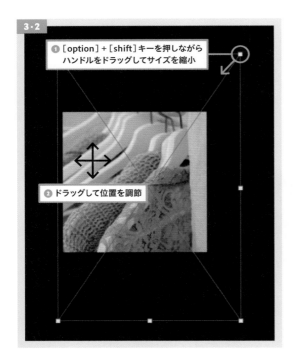

❶[option]+[shift]キーを押しながら
ハンドルをドラッグしてサイズを縮小

❷ドラッグして位置を調節

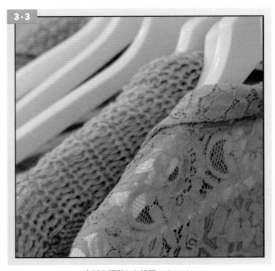

素材を調整した状態のカンバス

写真を白黒にする

配置した写真を白黒にします。［**レイヤーパネル**］下の◎ アイコンをクリックし、［**色相・彩度...**］を選択します 3・4 。

クリックして、［色相・彩度...］を選択

［**プロパティパネル**］で、［**彩度**］を「-100」に下げます。このままだと、写真の上に文字をのせるには少し明るすぎるため、同時に［**明度**］も下げます。今回は［**明度**］を「-35」にしました 3・5 3・6 。

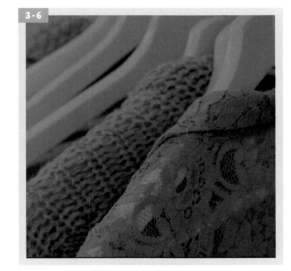

彩度と明度を下げて白黒にした

179

4 テキストの背景を作る

画像の真ん中に配置する赤い背景を作成します。[**長方形ツール**] ▭ を選択して、オプションバーで[**シェイプ**]を選択し  4・1 、カンバスの上で[shift]キーを押しながらドラッグして正方形のシェイプを作成します 4・2 。シェイプの位置は後から変更できるので、場所は気にせず、カンバスよりひと回り小さなサイズで作成しましょう。

作成したシェイプのレイヤーのアイコンをクリックして色を変更します。秋っぽいえんじ色になるように選択します 4・3 4・4 。

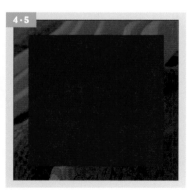

このままではシェイプに重なった部分の写真が見えないため 4・5 、シェイプの描画モードを変更して、下の写真が透けて見える状態にします。[**レイヤーパネル**]上部の描画モードの設定を[**通常**]から[**カラー**]に変更します 4・6 。写真の陰影にシェイプレイヤーの色味だけが重なり、写真の雰囲気を残したまま文字がのせやすくなりました 4・7 。

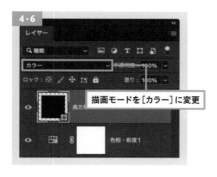

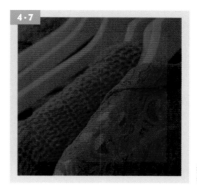

描画モードを[カラー]に変更

描画モードが変更され、
表示が変化した

5 テキストを入力する

ここで[**文字ツール**]を使った2つのテキスト入力方法を習得しましょう。「autumn/winter collection」は、あらかじめ[**横書き文字ツール**]でテキストを入力する範囲(テキストボックスという)を作ってから入力し、「先行受注会ご予約受付中」はカンバスをクリックして入力をします。
テキスト入力前に[**ウィンドウ**]メニューの中から[**文字パネル**]と[**段落パネル**]を選択して 5・1 、開いておきましょう 5・2 5・3 。

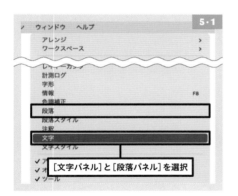

[文字パネル]と[段落パネル]を選択

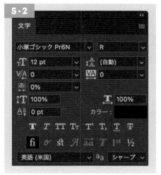

まず英語テキスト用のフォントを設定します。[**文字パネル**]を[**フォント:Ratio Modern**][**フォントサイズ:100px**][**行送り:140px**][**カーニング:メトリクス**][**カラー:#ffffff**(白)]に設定します 5・4 。

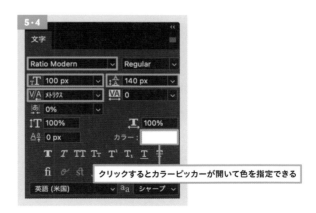

クリックするとカラーピッカーが開いて色を指定できる

181

［**横書き文字ツール**］を選択し 5・5 、写真の上あたりで、赤い背景を少しはみ出る程度にドラッグします 5・6 。

テキストボックスをあらかじめ作成しておくことで、このボックスの範囲内にのみテキストを入力できます。

「autumn/winter」と入力したら［**return**］（［Enter］）キーで改行しましょう。2行目に「collection」と入力して、2行目の「collection」だけを選択し、［**文字パネル**］で［**垂直比率：130%**］［**水平比率：130%**］にします。［**command**］（［Ctrl］）+［**return**］（［Enter］）キーを押してテキスト入力を終了します 5・7 5・8 。

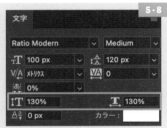

入力したテキストの見た目と位置を整えていきます。まずはテキストレイヤーを選択した状態で、［**文字パネル**］の［**オールキャップス**］をクリックして 5・9 、小文字の英語をすべて大文字表記に変更します 5・10 。これはテキスト情報を変化させたわけではなく、見た目だけ大文字に変化させている状態です。

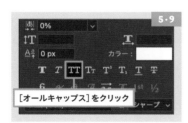

次に、作成したテキストボックスの範囲の中で、テキストを等間隔に整列させます。［**段落パネル**］で［**両端揃え**］をクリックします 5・11 。左揃えだったテキストが、ボックス幅いっぱいに均等に配置されました 5・12 。

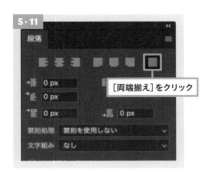

テキストボックスの幅

次に下に入力する日本語フォントを設定します。

[**レイヤーパネル**]で先ほど作成したテキストレイヤー以外を選択した状態にして、[**文字パネル**]で[**フォント：りょう Text PlusN**][**フォントサイズ：50px**][**行送り：80px**][**カーニング：メトリクス**][**トラッキング：200**][**カラー：#ffffff**]に設定します 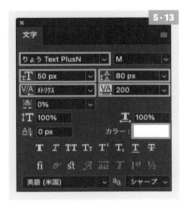 。

カンバスの真ん中あたりを[**shift**]キーを押しながらクリックします 5・14 。テキスト入力状態になったら「先行受注会」と入力し、[**return**]([Enter])キーで改行します。2行目に「ご予約受付中」と入力してテキスト入力を終了しましょう 5・15 。

[shift]キーを押しながらクリック
※テキストレイヤーやシェイプレイヤーの近くでクリックすると、意図せず編集状態になってしまうことがあります。[Shift]キーを押しながらクリックで常に新しいテキストを作成可能です

❶[return]キーで改行

先行受注会
ご予約受付中

❷[command]＋[return]キーで入力完了

入力した文字を整えます。［段落パネル］で［中央揃え］をクリックすると  、  でクリックした位置を基準に左揃えになっていたテキストが中央揃えになりました  。

COLUMN　テキスト入力2種類の使い分け

あらかじめテキストボックスを作る［段落テキスト］は、横幅を決めてテキストを流し込みたいときや、今回のようにボックス横いっぱいにテキストを並べたいときに使用します。クリックしてそのままテキストを入力する［ポイントテキスト］は、改行しない限り、どこまでもテキストが続いていきます。自分で改行位置を決めたいときは、こちらを使用しましょう。

6　アクセントを入れて仕上げる

今回はえんじ色の背景にテキストが入力されたシンプルな構成なので、2つのテキストの間に小さな横棒のシェイプを入れて、テキストを強調しましょう。［**長方形ツール**］■を選択し、カンバス上をクリックして「幅：40px」「**高さ：1px**」と入力し、［**OK**］ボタンを押してシェイプを作成します。［**プロパティパネル**］で塗りの色を「#ffffff」（白）、線の色を「カラーなし」に設定します 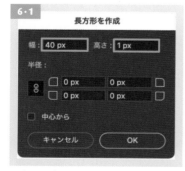  。

カンバスをクリックするとダイアログが開く

デザインのすべての要素が揃ったので、まずは背景の赤いシェイプを真ん中に整列します。［**移動ツール**］を選択し、［**command**]（[Ctrl]）+［**A**］キーを押すとカンバス全体の選択範囲を作成できます。［**レイヤーパネル**］で背景の赤いシェイプだけを選択し、上のオプションバーで［**水平方向中央揃え**］［**垂直方向中央揃え**］をクリックします 6・3 。

COLUMN

6・3 では、シェイプの整列を行いました。整列というと、2つ以上のレイヤーを選択して整列させる機能と考えがちですが、今回のように選択範囲を基準として整列させることもできます。選択範囲は整列しても動かないため、整列の基準となる形を選択範囲で作っておけば（今回の場合ではカンバスの形）、ガイドの役割を果たしてくれます。

次に、小さなシェイプとテキスト2つを中央揃えにします。3つのレイヤーを[**shift**]キーを押しなが
ら複数選択し、[**水平方向中央揃え**]をクリック 6·4 すると、カンバスに対して要素が中央に整列
されます。整列ができたら[**command**]([**Ctrl**])＋[**D**]キーを押して選択範囲を解除します。

7　画像を書き出す

デザインが完成したので、画像をJPG形式で書き出します。

[**ファイル**]メニューから[**書き出し**]
→[**書き出し形式...**]を選択 7·1 す
ると、ダイアログが開きます。

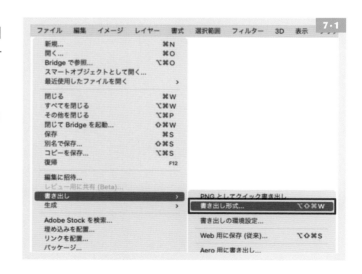

TIPS
写真を書き出すにはPNG、ま
たはJPG形式が適切。色数
が多い画像の場合、JPGの方
がファイルサイズを抑えられる
ため、今回はJPGを採用しま
した。

［**形式：JPG**］に設定します。JPGは圧縮をかけてファイルサイズを抑えることができますが、圧縮しすぎるとテキストがぼやけてしまうため、今回は画質を「高」にしました。書き出し後のファイルサイズも確認し、問題なければ右下の［**書き出し**］ボタンをクリックして、任意のファイル名で書き出します 7・2 。

完成

このSTEPで使用する
主な機能

レイヤースタイル

グラデーション

文字ツール

多角形ツール

楕円形ツール

書き出し

STEP 3

ゴールドのバッジを作ろう

動画で確認

ECサイトなどで使えるゴールドバッジの素材を1から作る方法を覚えましょう。レイヤースタイルを使ってバッジのツヤツヤした質感を表現します。

完成図

使用例

商品画像にのせて使用するため、バッジの背景は透過で作成する

グラデーションを設定してゴールドのバッジを表現する方法をマスターします。複数のグラデーションを組み合わせるため、難しそうに見えますが、設定を流用することで手間を省いて作成できます。Adobe Fontsで「Miller Headline」の「Bold」をアクティベートしておきましょう。

 POINT　まずは全体の手順をチェック！

- ［アートボード］を作成する
- ［楕円形ツール］を使って丸いシェイプを作り、レイヤースタイルで効果をつける
- ［テキストツール］でテキストを入力し、レイヤースタイルで効果をつける
- ［長方形ツール］でリボンのシェイプを作り、レイヤースタイルで効果をつける
- 画像を適した形式で書き出す

1 アートボードを作成する

さまざまなシーンで使うことを想定して、バッジとしては少し大きめの「幅500px」、縦はリボンを下に付ける分、ゆとりをもたせて[**高さ600px**]で制作します。新規ドキュメント作成画面を開き、以下の手順で作成します。ここでは、[**アートボード：オン**][**カンバスカラー：透明**]に設定しました 1·1 。

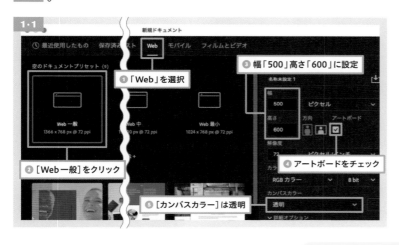

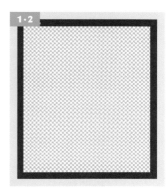

設定したサイズのアートボードが作成されました 1·2 。[**command**]（[**Ctrl**]）+[**shift**] +[**S**]キーで、任意の名前でPSD形式にして保存しておきましょう。

POINT

今回はグラデーション作成のための色見本をデザイン外に置くために、[アートボード]で作成しました。アートボードは1つのPSDファイルの中に複数作成できる他、アートボード外にレイヤーを置くことができます。

2 ゴールドの丸を作る

色見本を作成する

ゴールドの丸を作る前に、アートボードの外に色見本を作成します。

基本のゴールドと薄いゴールド、濃いゴールドの3色を用意するために、まず[**長方形ツール**]■を選択し、オプションバーで[**シェイプ**]を選択したら、アートボードの外に四角形を3つ作成します 2·1 。アートボードの外側は書き出しに影響しない制作用のメモなのでサイズは自由に作って構いません。

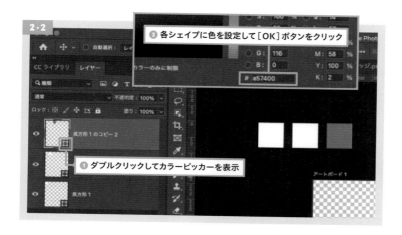

3つのシェイプそれぞれに色をつけていきましょう。

[レイヤーパネル]でシェイプのアイコンをダブルクリックしてカラーピッカーを表示し、[濃いゴールド:#a57400][普通のゴールド:#f0d963][薄いゴールド:#f2efb8]を設定します 2・2 。

楕円形ツールでバッジのベースを作成する

色見本を作り終えたら、バッジの一番外側の丸から作成していきます。[楕円形ツール] を選択し、アートボードの上でクリックするとダイアログが開きます。[幅:500px][高さ:500px]と設定して[OK]ボタンを選択するとシェイプが作成されます 2・3 。

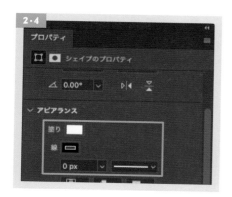

シェイプの塗りの色は後から上書きするため、どの色でも構いません。線は[プロパティパネル]で[0px]に設定しておきます 2・4 。

次にアートボード内でのシェイプの位置を調整しましょう。[移動ツール]を選択し、オプションバーで[左端揃え][上端揃え]をクリックすると、シェイプの横位置がアートボードの真ん中、縦位置が上になりました。 2・5 2・6 。

3 グラデーションを設定する

レイヤースタイルでシェイプにグラ
デーションをつけていきます。シェ
イプのレイヤーを選択した状態で
[**レイヤーパネル**]下の fx をクリッ
クして 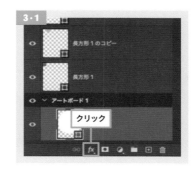 、[**グラデーションオー
バーレイ…**]を選択します 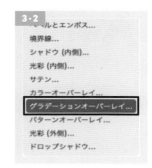 。

ダイアログが開くので[**グラデーション**]をクリックして、[**グラデーションエディター**]を開きます **3・3** 。

グラデーションスライダー上側の 🔽 は、不
透明度を設定できる分岐点です。今回は
透明なグラデーションは使用しないので、
不透明度を100%に設定しましょう。
両端にある2つの不透明度の分岐点をク
リックして、[**不透明度：100%**]であること
を確認します **3・4** （初期状態は100%ですが、
異なる数値が入っていたら100%に設定します）。

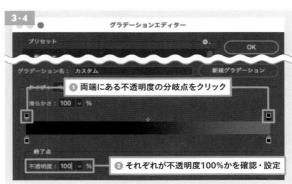

グラデーションスライダー下側の 🏠 はカラー
分岐点で色を設定できます。
カラー分岐点、不透明度の分岐点は、どち
らもスライダーの上下をクリックすることで
自由に追加できます。
ここでは、❶～❺の位置でクリックして
3・5 、カラー分岐点を計7つにします。

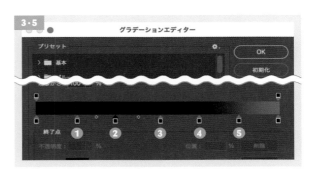

191

TIPS

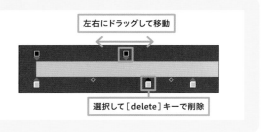

カラー分岐点、不透明度の分岐点は、左右にドラッグして自由に移動することができます。
不要になった分岐点は、クリックで選択して［delete］キーで削除できます。

左右にドラッグして移動

選択して［delete］キーで削除

カラー分岐点に色を設定します。設定画面の［**カラー**］から色を選択することもできますが、今回は
あらかじめ **2-2** で用意した色見本を使って色を設定しましょう。

色を設定したい分岐点を
クリックして、最初に作成
した3つのゴールドの色
A、Bを、それぞれスポイ
トで取っていきます。

真ん中は強い光が当
たっている表現として、
白にしたいので、分岐点
をダブルクリックしてカ
ラーピッカーを開き、
［**#ffffff**（白）］に設定しま
す **3-6** 。

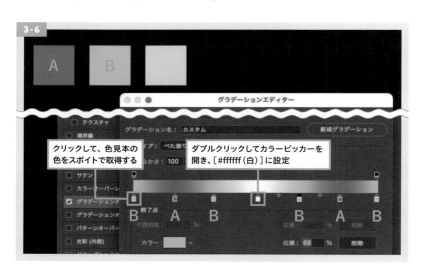

3-6

クリックして、色見本の
色をスポイトで取得する

ダブルクリックしてカラーピッカーを
開き、［#ffffff（白）］に設定

設定が終わったら［**OK**］をクリックして［**グラデーションエディ
ター**］を閉じます。

アートボードを確認すると、シェイプに縦のグラデーションが
設定されました **3-7** 。バッジの丸みを表現するため、グラ
デーションの角度を調整していきます。

設定によっては横のグラデーションが作成されている場合があ
りますが、この後角度を設定していくので問題ありません。

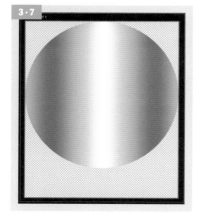

3-7

レイヤースタイルの[**スタイル：角度**]を選択し、アートボードを確認しながら のように右上が白になるように[**角度**]の左側にある丸の中の角度線をドラッグして動かして調節し、[**OK**]ボタンを押します 3・8 。

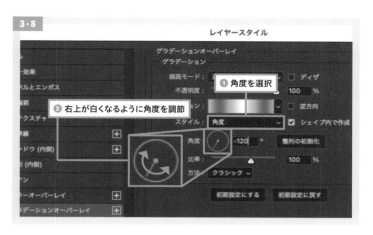

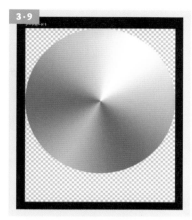

[**レイヤーパネル**]を見ると、[**グラデーションオーバーレイ**]という項目が追加されました 3・10 。
 4 からは完成した外側の丸を元に、レイヤーを複製してサイズを変更し、重ねていきます 3・11 。

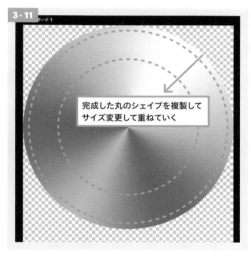

完成した丸のシェイプを複製してサイズ変更して重ねていく

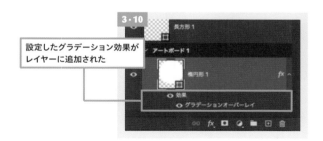

設定したグラデーション効果がレイヤーに追加された

4 ゴールドを複製して重ねる

 3 で完成した外側のゴールドのレイヤーを複製します。
[**レイヤーパネル**]でシェイプのレイヤーを選び、[**command**]
([Ctrl])＋[**J**]キーを押すとレイヤーが複製されます 4・1 。

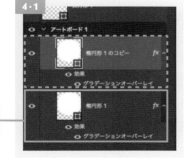

シェイプのレイヤーを選び、[command]＋[J]キーで複製

193

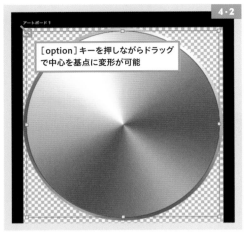

[option]キーを押しながらドラッグ
で中心を基点に変形が可能

図は結果が分かりやすいようグラデーションの角度を変更しています

複製されたレイヤーを選択したら、内側に少し縮小
します。

シェイプを自由変形状態にして、[option]([Alt])キー
と[shift]キーを押しながら、四隅のいずれかのバ
ウンディングボックスを内側にドラッグして、縮小し
ます。形が決まったら[return]([Enter])キーで決定
します 4・2 。

複製したゴールドのグラデーションの角度を変えます。[レイヤーパネル]で[グラデーションオー
バーレイ]をダブルクリック 4・3 すると、レイヤースタイルのダイアログが開きます。アートボード
を確認しながら、 4・5 のように左上が白になるよう[角度]を調節し、[OK]で決定します 4・4 。

左上が白くなるように角度を調節

4・1 と同じように、今
作業したシェイプのレイ
ヤーを選んだ状態で、
[command]([Ctrl])+
[J]キーで複製して、
4・2 の手順で同じよう
に内側に縮小しましょう
4・7 。

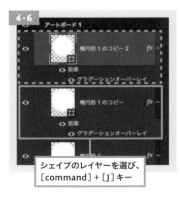

シェイプのレイヤーを選び、
[command]+[J]キー

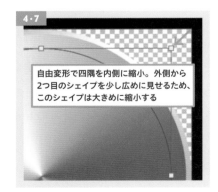

自由変形で四隅を内側に縮小。外側から
2つ目のシェイプを少し広めに見せるため、
このシェイプは大きめに縮小する

複製したゴールドのグラデーション
の角度を変えていきます。[**レイ
ヤーパネル**]で 4·6 で複製した
[**グラデーションオーバーレイ**]を
ダブルクリックして、左下が白にな
るように[**角度**]を調節して[**OK**]で
決定します 4·8 4·9 。

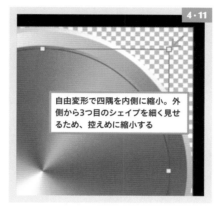

同じように、今作業した
シェイプのレイヤーを選
んだ状態で、レイヤーを
複製し、少し控えめに縮
小します 4·10 。
これが最後の丸になり
ます 4·11 。

複製した[**グラデーションオー
バーレイ**]をダブルクリックして
ダイアログを開きます。この面
は正面から見て平らな面なの
で、[**スタイル：線形**][**角度：0**]
[**比率：150%**]と設定して、縦
のグラデーションに変更します
4·12 4·13 。

[**グラデーション**]をクリック 4·14 して、[**グラデーショ
ンエディター**]を開きます。

Photoshopでデザインを作ろう

LEVEL
4

3

2

1

0

195

［グラデーションエディター］で色を調整します。真ん中の［#ffffff］の分岐点をクリックし、アートボードの外にある色見本から一番薄い色をスポイトで取得します 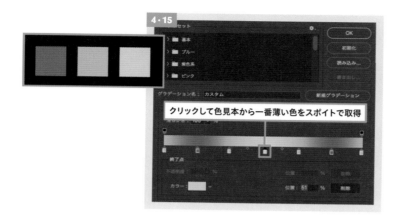 4・15 。［OK］ボタンを押して［グラデーションエディター］を閉じましょう 4・16 。

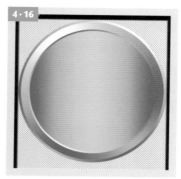

クリックして色見本から一番薄い色をスポイトで取得

4・15

グラデーションの色が変化した

メリハリをつけて質感を出すため、一番上の面は境界線を加えて境目をくっきりさせます。左側の［**境界線**］にチェックを入れます。［**サイズ：1px**］［**位置：内側**］［**描画モード：スクリーン**］に設定し、［**カラー**］をクリックしてスポイトでアートボード外の色見本から一番薄い色を選択します 4・17 。設定が終わったら［**OK**］ボタンで決定します 4・18 。

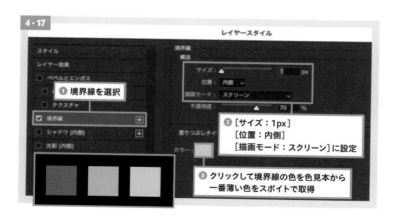

4・17

レイヤースタイル

① 境界線を選択

② ［サイズ：1px］
［位置：内側］
［描画モード：スクリーン］に設定

③ クリックして境界線の色を色見本から一番薄い色をスポイトで取得

4・18

バッジ部分が完成した

TIPS

レイヤースタイルのダイアログが開いているときに、カンバス（アートボード）をドラッグしてグラデーションを移動できます。移動できないときは、一度［OK］で決定してレイヤースタイルを閉じ、再度レイヤースタイルをダブルクリックしてダイアログを開くと、ドラッグできるようになります。

一番上のゴールドの丸の上に、テキストと3つ星のシェイプを作成し、内側にくぼんだような効果をつけていきます。

星は[**多角形ツール**] ⬡ を選択し、バッジの左上をクリックします 5·1 。ダイアログが開いたら[**幅:60px**][**高さ:60px**][**角数:5**][**星の比率:50%**]と設定して[**OK**]を押すと 5·2 、星型のシェイプができました 5·3 。

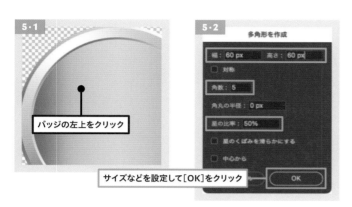

5·1 バッジの左上をクリック

サイズなどを設定して[OK]をクリック

5·3 設定通りの星型が作成された

塗りの色は後から上書きするため、何色でもOK

5·4 自動で表示されるガイドを参考にしながら星型を等間隔に複製

[**移動ツール**] ✛ を選択し、[**option**]([**Alt**])キーを押した状態で星を選択してドラッグし、等間隔に3つ増やします 5·4 。
ガイドが表示されない場合は[**表示**]メニューから[**表示・非表示**]→[**スマートガイド**]にチェックを入れます。

複製した星のレイヤー3つを[**shift**]キーを押しながら複数選択し 5·5 、[**移動ツール**]を選択した状態でガイドが中央に揃うところまで移動します 5·6 。

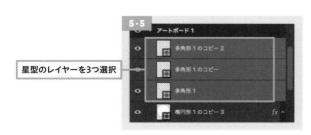

5·5 星型のレイヤーを3つ選択

5·6 3つの星型をバッジの左右中央に移動

6 テキストを入力する

次にテキストを入力します。[**文字パネル**]で[**フォント：Miller Headline**][**ウェイト：Bold**][**テキストサイズ：80px**][**行送り：80px**][**カーニング：メトリクス**][**オールキャップス：オン**]と設定します 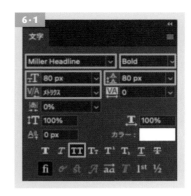。

[shift]キーを押しながらクリック

[**横書き文字ツール**] 🅣 を選択し、アートボードの上で[**shift**]キーを押しながらクリックします 6・2 。

1行目に「premium」と入力して[**return**]（[Enter]）キーで改行し、2行目に「quality」と入力して[**command**]（[Ctrl]）+[**return**]（[Enter]）キーを押して完了します。

[**移動ツール**]でガイドを頼りに中央に移動し、星のレイヤーも含めてバランスのよい位置になるよう、上下位置を調節します 6・3 。

[移動ツール]でバランスよくテキストを配置する

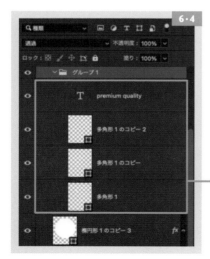

星とテキストのレイヤーを[複数選択し、[command]+[G]キーでグループ化

星とテキストに効果をつける

星とテキストにもレイヤースタイルをつけるため、レイヤーを[**shift**]キーを押しながら複数選択し、[**command**]（[Ctrl]）+[**G**]キーを押してグループ化しました 6・4 。レイヤーをグループにまとめることで、複数のレイヤーに一気に効果をつけられます。

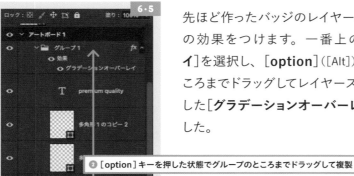

先ほど作ったバッジのレイヤースタイルを流用し、グラデーションの効果をつけます。一番上の丸の[**グラデーションオーバーレイ**]を選択し、[**option**]([Alt])キーを押した状態でグループのところまでドラッグしてレイヤースタイルを複製します 6·5。複製した[**グラデーションオーバーレイ**]が星とテキストに反映されました。

❷ [option]キーを押した状態でグループのところまでドラッグして複製

❶ [グラデーションオーバーレイ]をクリック

複製した[**グラデーションオーバーレイ**]をダブルクリックしてダイアログを開き、文字の中心が明るくなるよう[**角度：41**][**比率：40%**]にして、グラデーションの位置を変更します 6·6 6·7。

角度と比率を変更

ドラッグしてグラデーションの位置を調整

星とテキストの内側をくぼんだ表現にしたいので、効果を足していきます。左側の[**カラーオーバーレイ**]にチェックを入れて、[**描画モード：乗算**]、[**カラー**]をクリックしたら、スポイトで濃いゴールドの色を取り、星とテキストの色を濃く変更します 6·8 6·9。

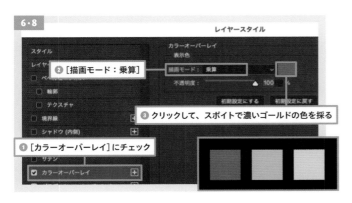

❷ [描画モード：乗算]

❸ クリックして、スポイトで濃いゴールドの色を採る

❶ [カラーオーバーレイ]にチェック

COLUMN　レイヤースタイルの順番

［カラーオーバーレイ］［グラデーションオーバーレイ］など、色やテクスチャを「上から重ねて変化を出す」効果は、設定画面のスタイルの並び順に上書きされ、この順番を変更することはできません。今回は 6・5 でグラデーションオーバーレイを星とテキストにのせ、その上にさらにカラーオーバーレイを重ねました。この場合、カラーオーバーレイに上書きされて、グラデーションオーバーレイは見えなくなりますが、 6・8 の❷で描画モードを「乗算」にしたため、下にあるグラデーションの効果もきちんと掛け合わされて表示されています。また、レイヤースタイルのダイアログの中で［＋］表示があるものは複数の効果を追加できます。

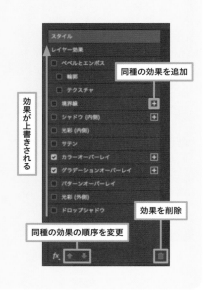

金属を内側にくぼませたような質感を出すため、［**ベベルとエンボス**］にチェックを入れ、 6・10 の通り、設定します。ベベルによって、フチの面を追加して光が当たる表現が追加され、立体的になりました 6・11 。

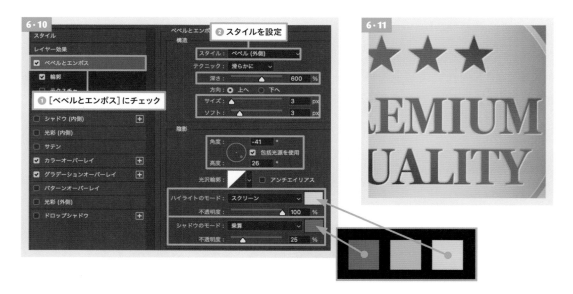

［**シャドウ**（内側）］にチェックを入れ、 6・12 の通り、設定します。フチに色が追加され、よりくっきりと立体感が増しました 6・13 。

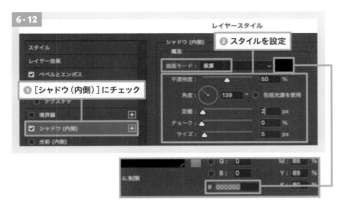

7　リボンを作る

リボンは真ん中に切り込みがあるような形を作るため、まず左側半分のみを作成して、複製と反転を利用して右側半分を作る方法で作成していきます。

［**長方形ツール**］ ■ を選択し、アートボードの左下でドラッグして長方形を作ります。
7・1 のような表示になった場合は、シェイプレイヤーがグループの中に入ってしまっている状態です。レイヤーを［**command**]（[Ctrl]）+［**shift**]+［「］キーですべてのレイヤーの最背面に移動します 7・2 7・3 。

グループの中にシェイプが作成されたため、レイヤースタイルが適用されてしまった

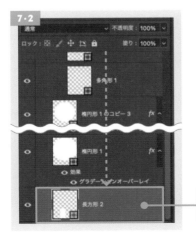

レイヤーがグループの外に移動したため、レイヤースタイルが消えた

長方形のレイヤーを選択し、［command]
+［shift]+［「］キーを押す

シェイプの右下部分を斜めに変形します。自由変形にして、四隅の一部分だけ変形するため、[command]（[Ctl]）+[shift]キーを押しながらシェイプの右下を上にドラッグして[return]（[Enter]）キーで決定します 7・4 。

❶ [command]キー+[T]キーで自由変形のバウンディングボックスを表示

❷ [command]+[shift]キーを押しながらシェイプの右下を上に移動して変形

リボンレイヤーのシェイプアイコンをダブルクリックして[カラー：#920000]に設定して[OK]ボタンを選択して色を赤に変更します 7・5 7・6 。

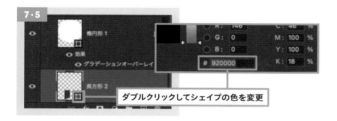

ダブルクリックしてシェイプの色を変更

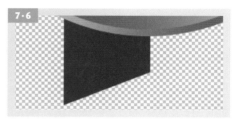

リボンレイヤーを複製して反転します。リボンのレイヤーを選択した状態で[command]（[Ctrl]）+[J]キーで複製します 7・7 。

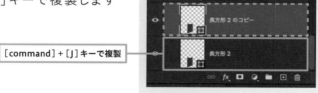

[command]+[J]キーで複製

[編集]メニューから[パスを変形]→[水平方向に反転]を選択して反転します 7・8 7・9 。

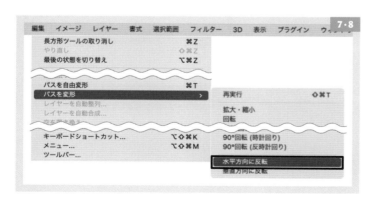

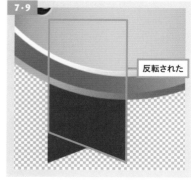

反転された

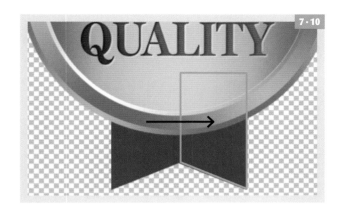

リボンを合体します。

[**移動ツール**]を選択し、反転した右側のリボンレイヤーを選択して右に移動します 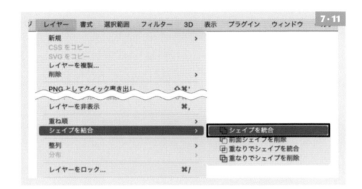 。

[**レイヤーパネル**]で2つのリボンレイヤーを[**shift**]キーを押しながら複数選択し、[**レイヤー**]メニューから[**シェイプを結合**]→[**シェイプを統合**]を選択します 7・11 。
これで選択したレイヤーが1つのシェイプに合体されました。

リボンにもグラデーションで影をつけます。[**レイヤーパネル**]下の **fx** をクリックし、[**グラデーションオーバーレイ...**]を選択し、ダイアログを開きます。[**初期設定に戻す**]をクリックし、バッジ用に設定したグラデーションをリセットします 7・12 。

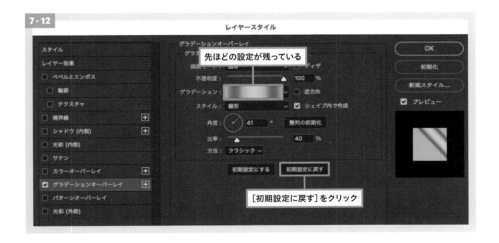

Photoshopでデザインを作ろう

LEVEL
4

3

2

1

0

203

［**グラデーション**］をクリックして、［**グラデーションエディター**］を開き、グラデーションの分岐点を
［**左端：#000000**（黒）］［**右端：ffffff**（白）］に設定して［**OK**］ボタンを押します   。

グラデーションの設定を 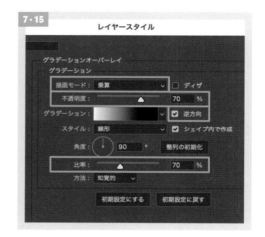 の通り変更しました。

赤いリボンの上にグラデーションの効果が重なり、
影のような表現になりました。この状態で［**OK**］ボタ
ンを押して決定します  。

8　書き出しする

完成したバッジ画像を書き出しま
す。［**ファイル**］メニュー→［**書き出
し**］→［**書き出し形式...**］を選択しま
す  。

ダイアログが開いたら[形式：PNG][透明部分]にチェックを入れて、[書き出し]を選択して任意の
ファイル名で書き出します 8·2 。

完成

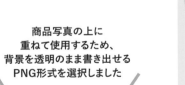

商品写真の上に
重ねて使用するため、
背景を透明のまま書き出せる
PNG形式を選択しました

STEP **4**

このSTEPで使用する
主な機能

レイヤーマスク

文字ツール

レイヤースタイル

(20分)

アウトドアYouTuberの
サムネールを作ろう

動画で確認

動画の内容を伝えるYouTubeのサムネールはインパクト勝負です。
テクスチャを取り入れたデザイン作りを学びましょう。

準備

事前準備

Adobe Fontsで「Worker Bold」と「ニタラゴ
ルイカ06」をアクティベートしておきましょう。

完成図

準備

📁 sample/level4/STEP04

POINT まずは全体の手順をチェック！

- 提供された素材、構成要素を確認し、レイアウトのラフを考える
- お肉の写真を配置する
- 紙の素材を配置し、テキストをのせる
- テキストにレイヤーマスクでスタンプのような加工を入れる

1 素材と構成要素でレイアウトのラフを考える

まずは構成要素や提供素材を見て計画を立てていきましょう。

目的からデザインを
考えることが大事！

- YouTubeのサムネールは小さく表示される上、多くの動画の中から選んでもらう必要がある。視聴者の目を引くようにお肉を大きく配置して、テキストも読みやすいサイズにしよう
- 左側にテキスト、右側にお肉の分割レイアウトにしよう
- 古い紙の素材に合わせて、テキストはスタンプのように少しかすれた加工を入れよう

2 写真を配置する

今回はデザインを1つ作成するだけなので、カンバスで作成していきます。177ページの **2・1** と同様の手順で［**幅：1280ピクセル**］［**高さ：720ピクセル**］［**アートボード：オフ**］にしてカンバスを作成したら、任意の名前で保存します。作成したカンバスにお肉の写真を配置しましょう。カンバス上に「meat.jpg」をドラッグ＆ドロップして［**return**］（［Enter］）キーで配置します **2・1** 。この段階でカンバスからはみ出していても構いません。［**meat**］レイヤーは、スマートオブジェクトに変換します。

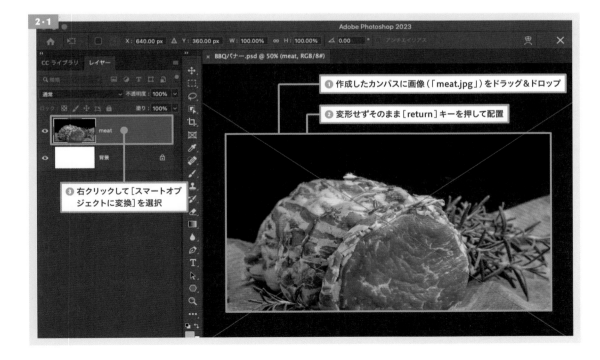

2・1

❶ 作成したカンバスに画像（「meat.jpg」）をドラッグ＆ドロップ

❷ 変形せずそのまま［return］キーを押して配置

❸ 右クリックして［スマートオブジェクトに変換］を選択

次に紙の写真も配置します。カンバス上に「paper.png」をドラッグ＆ドロップして、そのまま[return]（[Enter]）キーで配置し、[スマートオブジェクトに変換]します 。

「paper.png」を配置し、レイヤーをスマートオブジェクトに変換しておく

各レイヤーを自由変形で縮小・回転し、左右にバランスよく配置します 2・3 。

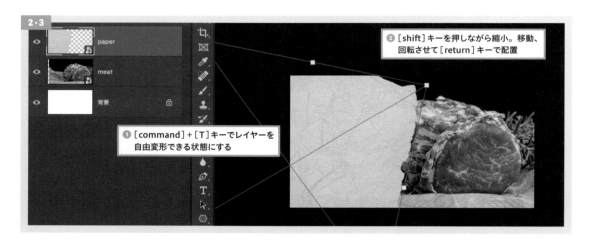

❷ [shift]キーを押しながら縮小。移動、回転させて[return]キーで配置

❶ [command]＋[T]キーでレイヤーを自由変形できる状態にする

紙のレイヤーの色にカラーオーバーレイで少し色を足し、明るく調整します。 fx をクリックして[カラーオーバーレイ...]を選択し、描画モードと色、不透明度を設定します 2・4 2・5 。

❶ [fx]をクリックして[カラーオーバーレイ...]を選択

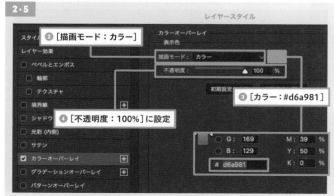

❷ [描画モード：カラー]

❸ [カラー：#d6a981]

❹ [不透明度：100%]に設定

さらに、紙のフチ部分にドロップシャドウをつけて重なりを出していきます 。
[**ドロップシャドウ**]にチェックを入れて、描画モードや色などのスタイルを設定します 2·6 。

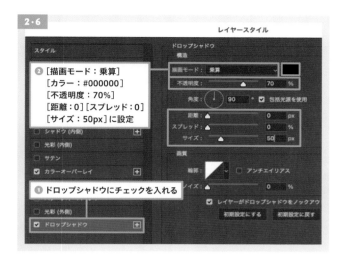

2·6

② [描画モード：乗算]
[カラー：#000000]
[不透明度：70%]
[距離：0][スプレッド：0]
[サイズ：50px]に設定

① ドロップシャドウにチェックを入れる

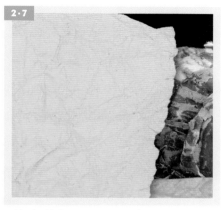

2·7

紙の色が変化して、フチにドロップシャドウがかかった

3　テキストを入れる

左側にテキストを入れていきます。[**文字パネル**]を表示して、
[**フォント：Worker**][**ウェイト：Bold**][**フォントサイズ：270px**]
[**行送り：270px**][**カラー：#3d1c05**]に設定します 3·1 。

[**横書き文字ツール**] [T] を選択し、紙の左あたりをクリックして、
「BBQ」と入力します。文字間が少し空いているので、それぞれ
の文字の間にカーソルを入れてカーニングを詰めて[**command**]
([Ctrl])+[**return**]([Enter])キーで決定します 3·2 。
この BBQ の横幅を基準に、他の文字も入れていきます。

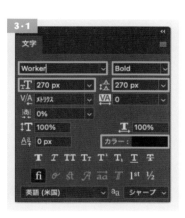

3·1

3·2

① 文字を入力したらカーソルを文字間に移動

② [option]キーを押しながら[←]キーを押してカーニングを調整

209

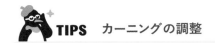
テキストのカーニングを設定する際は、文字を選択するのでなく、カーニングを行いたい文字間にカーソルを合わせた状態で［option］（［Alt］）キーを押しながら［←］［→］キーで調整します。

［**移動ツール**］を選択して、［**option**］（［Alt］）キーを押しながら「BBQ」のテキストを選択し、下にドラッグしてテキストレイヤーを複製します。［**文字パネル**］でフォントを［**ニタラゴルイカ**］に変更します **3・3** 。

［**横書き文字ツール**］を選択した状態でテキスト部分をクリックして編集状態にします。BBQの文字を消して「レシピ」に変更します。文字間が空いているので、 **3・2** と同様にそれぞれの文字間のカーニングを詰めて編集状態を終了します **3・4** 。

「レシピ」の文字を「BBQ」の横幅に合わせます。［**command**］（［Ctrl］）キー＋［**T**］キーを押して自由変形にしたら、［**shift**］キーを押しながら縮小・移動して「BBQ」の文字幅と合わせて［**return**］（［Enter］）キーで決定します **3・5** 。

テキストサイズを変更する際、［フォントサイズ］を使わずに［自由変形］でサイズを変更すると、今のテキストサイズがいくつなのか意識しにくい、サイズに小数点が入るなどのデメリットがあります。今回のように「1枚の画像として書き出す」ケースでは、サイズの小数点は問題になりにくいので操作のしやすさを優先して［自由変形］を使うのもよいでしょう。

`3・3` ～ `3・5` の手順を繰り返して文字レイヤーを複製し、「キャンプで」「みんなで食べたい！！」に書き換えてカーニングを調整し、「BBQ」の文字幅にそれぞれのテキスト幅を調整します `3・6` `3・7` 。

楽しい雰囲気を出すためのあしらいとして、「CAMP MESHI」という文字を入れます。

「BBQ」のテキストレイヤーを［**移動ツール**］を選択した状態で［**option**］（［Alt］）キーを押しながら上にドラッグして複製し `3・8` 、［**横書き文字ツール**］でレイヤーをクリックして編集状態に変更して「CAMP」に書き換えます。カーニングを調整して編集を終了しましょう。

この「CAMP」の文字は小さく見せたいので、「BBQ」の文字幅の6分の1くらいのサイズになるように自由変形で縮小します `3・9` 。

縮小した「CAMP」の文字レイヤーを[**移動ツール**]で[**option**]([Alt])＋[**shift**]キーを押しながら、水平に複製・移動して[**横書き文字ツール**]で「MESHI」に書き換え、文字間のカーニングを調整します 3・10 。[**移動ツール**]で「MESHI」の右端が「BBQ」の右端に合うよう、[**shift**]キーを押しながら水平に移動して位置を調整します。文字の形を見て、右側が揃っているように見えたらOKです 3・11 。

[option]＋[shift]キーを押しながら水平方向に複製

[MESHI]に書き換えて、文字間のカーニングを調整する。「MESHI」と「BBQ」の右端が揃って見えるように位置を調整

4 イラストを作成する

「CAMP」と「MESHI」の間にシェイプでテントのイラストを描きます。[**ペンツール**]を選択し、オプションバーで[**シェイプ**][**塗り：なし**][**線：#3d1c05**][**線幅：5px**]に設定します 4・1 。

左下からはじめて、クリックだけで5つのアンカーポイントを繋ぎ、テントの形を作ったら[**return**]([Enter])キーを押してシェイプの描画を終了します 4・2 。

❶5箇所をクリック　❷[return]キーで終了

テントの上に三角の旗のイラストを作って配置します。[**ペンツール**]を選択した状態で、3つのアンカーポイントを繋いで、三角の旗の形を作って終了します。このとき、[**レイヤーパネル**]で、テントと旗のレイヤーが別のレイヤーになっていることを確認しましょう 4・3 。

「CAMP」「MESHI」テキストの下にアンダーラインを引きます。[**ペンツール**]で、それぞれの文字の幅に合わせて、[**shift**]キーを押しながら左右2点をクリックして直線を引いて終了します 4・4 。

[**移動ツール**]を選択して、それぞれのレイヤーを選択して移動し、配置を最終調整します 4・5 。

213

5 グランジ加工をする

3 4 で作成した左側の要素にグランジ加工(汚しのような加工のこと)をかけるため、対象となるレイヤーをすべて選択して[**command**]([Ctrl])+[**G**]キーを押してグループ化します 5・1 。グループを選択した状態で、[**レイヤーパネル**]下の[**レイヤーマスクを追加**] ◻ をクリックします 5・2 。このマスクに、ザラザラとしたブラシで黒で描画して、かすれたように背景が透ける表現を追加します。

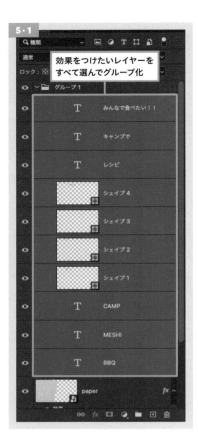

5・1

効果をつけたいレイヤーをすべて選んでグループ化

5・2

クリックして、グループにレイヤーマスクを追加

[**ブラシツール**]を選択し、[**ドライメディアブラシ**]の中から[**KYLE ボーナス 太い木炭**]を選び、[**直径:60px**]に変更します。オプションバーで[**流量:10%**][**描画色:#000000**(黒)]に設定します 5・3 。

5・3

❹[流量]は10%に変更

❸ ブラシサイズは「60px」

❶[ブラシツール]を選択

❷ さまざまなブラシを選択できる。ここでは[KYLE ボーナス 太い木炭]を選択

❺ 描画色は黒に設定

レイヤーマスクサムネールを選択し、設定したブラシでジグザグとカーソルを動かしたり、ポンポンと短くクリックして描きます。今は文字が消えすぎても気にせず、大胆に描いていきましょう。描いたところがどんどん消えて、後ろの紙が見えてきました 。

5·4

ジグザグに動かしたりポンポンとクリックして描く

今度は逆に、白いブラシで描いて、細かいところを表示させて文字として読みやすくします。5·3 の画像を参考に、ブラシを［**直径：30px**］にし、オプションバーで［**流量：50%**］として、［**描画色：#ffffff**（白）］に設定します（先ほどよりブラシサイズを小さくしたので、流量を上げて調整しています）。

文字を認識するためには、外側の形（アウトライン）が重要となります。先ほど、加工を追加しすぎてアウトラインが消えかかっているところを重点的に修正し、文字の内側にのみ、かすれの効果が残るようにします 5·5 。

上部の「CAMP」「MESHI」はフォントサイズが小さいため、かすれが大きすぎると文字として読みにくくなってしまいます 5·6 。この部分のかすれは控えめにしましょう。

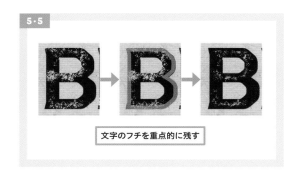

5·5

文字のフチを重点的に残す

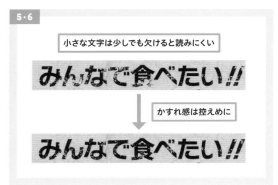

5·6

小さな文字は少しでも欠けると読みにくい

みんなで食べたい!!

かすれ感は控えめに

みんなで食べたい!!

ブラシサイズを適宜変更しながら、全体の
バランスが整ったら、完成です **5·7** 。

5·7

6 画像を書き出す

YouTubeのサムネールは、容量2MB以下で、JPG・PNG・GIFなどの形式の画像を設定できま
す。今回は写真が大きく、テキストの加工もあることから、JPG形式にして容量と相談しながら画
質を決めていきます。

[**ファイル**]メニューから[**書き出し**]→[**書き出し形式...**]を選択します。ダイアログが開いたら、[**形
式：JPG**]にして、画質を一番高くしてみましょう。左側の容量を確認すると、高画質でもまだ1MB
以下で問題なさそうです。右下の[**書き出し**]をクリックして、任意のファイル名で保存します **6·1** 。

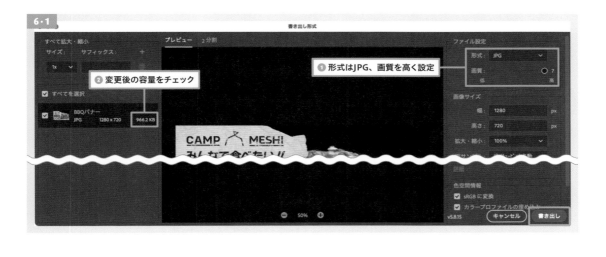

6·1

書き出し形式

すべて拡大・縮小　　　　プレビュー　2分割　　　　　　　　　　　　　　　ファイル設定

サイズ：　　サフィックス：　＋　　　　　　　　　　　　　　　　　　　　形式：　JPG

1x　　　　　　　　　　　　　　　　　　　　　　　　　　　　　　　　　画質：

❶ 形式はJPG、画質を高く設定

❷ 変更後の容量をチェック

すべてを選択

BBQバナー
JPG　1280 x 720　966.2 KB

CAMP　MESHI

画像サイズ

幅：　1280　px

高さ：　720　px

拡大・縮小：　100%

色空間情報
☑ sRGB に変換
☑ カラープロファイルの埋め込み

50%

v5.8.15　　キャンセル　書き出し

完成

完成！

STEP 5

クリスマスケーキの
バナーを作ろう

このSTEPで使用する
主な機能

Camera Raw フィルター

ペンツール

ベクトルマスク

文字ツール

多角形ツール

動画で確認

ケーキ屋さんのウェブサイトでトップページに表示するためのメインビジュアルを作成します。127ページでマスターした［ペンツール］の復習もかねてケーキにマスクをかけるところから実践してみましょう。

事前準備

ウェブサイトのトップページで、アニメーションで切り替わるメインビジュアルとして、クリスマスケーキの告知バナーを［幅:1200px］［高さ:630px］で作成します。
Adobe Fonts にアクセスし、「砧 丸丸ゴシックALr StdN R」と「Lust Display」をアクティベートしておきます。

準備

写真提供：やまぐち千予

デザインの目的

- 「2023年」のクリスマスケーキの予約が限定50個だと伝える
- クリスマス感を演出する効果、テキストを入れる

完成図

📁 sample/level4/STEP04

 POINT　まずは全体の手順をチェック！

- 提供された素材、構成要素を確認し、レイアウトのラフを考える
- ケーキの写真をマスクで切り抜く
- テキスト情報を入れる
- ［ブラシツール］で背景にあしらいを入れる

1 提供素材と構成要素でレイアウトのラフを考える

まずは構成要素や提供素材を見て、どんなデザインにするか計画を立てましょう。

目的からデザインを
考えることが大事！

- 提供されたケーキの写真は手前が明るいため、それを活かして手前から光があたっている効果をつけよう
- クリスマス感のある背景にするため、ケーキはマスクで切り抜き、クリスマスカラー（緑または赤）にしたい。ただ、背景が赤1色だと印象がキツいため、落ち着いた緑にしよう
- ツリーのモチーフも入れたい。テキストでツリーを作ろう

2 カンバスを作成し、背景色を設定する

今回はデザインを1つ作成するだけなので、カンバスで作成していきます。177ページの **2·1** と同様の手順で[**幅：1200ピクセル**][**高さ：630ピクセル**][**アートボード：オフ**]にしてカンバスを作成し、任意の名前で保存しましょう。

背景を塗りつぶすため、[**レイヤーパネル**]下の 🔲 アイコンをクリックして[**ベタ塗り...**]を選択します **2·1** 。[**レイヤーパネル**]に[**塗りつぶしレイヤー**]が追加され、カラーピッカーが開きました。背景を緑にしたいので、明るすぎない少し落ち着いた緑色を選択します。今回は[**#378e49**]にしました **2·2** 。

3 ケーキの素材を準備する

カンバスの上に「cake.jpg」をドラッグ＆ドロップして[return]（[Enter]）キーで配置し、レイヤーを右クリックして[**スマートオブジェクトに変換**]します。[command]（[Ctrl]）+[**T**]キーを押して自由変形状態で[**Shift**]キーを押しながら、ケーキの全体が見えるくらいまで縮小しておきます 。

補正やマスクは画像サイズが大きい方が作業しやすいため、スマートオブジェクトの中（元データ）で行います。[**レイヤーパネル**]でスマートオブジェクトアイコンをダブルクリックして、「cake.psb」を開きます 。

ケーキの色味を調整する

元データを直接変更しないよう、レイヤーを右クリックして再度[**スマートオブジェクトに変換**]します。
スマートオブジェクトの中にスマートオブジェクトを作る、入れ子の状態です。
補正の前に写真を確認します。光が当たっている左手前にあるクリームはきれいな白になっていますが、上部のいちごやクッキーは影になっています。いちごのみずみずしさと飾りがよく見えるように写真を補正しましょう 。

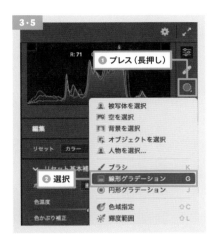

明るさと鮮やかさを一度で補正したいので、[**Camera Raw フィルター**]を使用します。[**レイヤーパネル**]で[**cake**]を選択し、上部メニューバー→[**フィルター**]メニュー→[**Camera Rawフィルター...**]をクリックします 3・4 。

部分補正→全体の明るさの順で補正する

ダイアログが開いたら、右上の[**マスク**]アイコンをプレスして[**線形グラデーション**]を選択します 3・5 。

カーソルが十字に変わるので、右上から左下にドラッグします。右上が濃く、左下が薄い赤のグラデーションがかかりました 3・6 。これから追加する補正効果を、赤いところにだけ適用するマスクです。

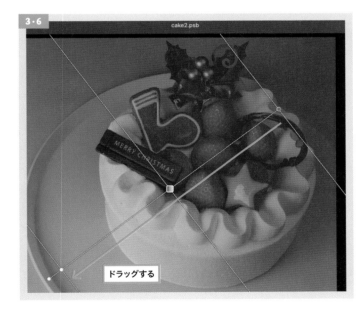

色を確認するのにマスクの赤が邪魔になるので、グラデーションが意図した形状になっているのを確認したら[**オーバーレイを表示**（自動）]をオフにして、非表示にしましょう 3・7 。

パネルの設定項目を下にスクロールし、[**ライト**]の[**露光量**]で全体的な光を入れ、[**シャドウ**]で影を薄くします。
左下の光が当たっている部分と右上の差をなくすことを意識して調整しましょう。今回は[**露光量：+0.50**][**シャドウ：+6**]としました 3·8 。

ツール一覧から[**編集**]をクリックして、全体を補正します。今回は、[**基本補正**]の[**露光量：+0.30**][**ハイライト：-10**][**シャドウ：+13**][**自然な彩度：+7**]としました。補正が完了したら、右下の[**OK**]ボタンで決定します 3·9 。

①［編集］をクリック

②［露光量］を上げて全体を明るく

③［ハイライト］を下げて、クリームを白くしすぎない

④［シャドウ］を上げて影を薄く

⑤［自然な彩度］を上げて、いちごや飾りを鮮やかに

⑥ クリック

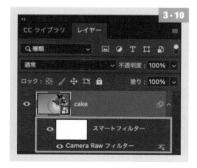

「**cake.psb**」のカンバスに戻ると、レイヤーに[**スマートフィルター**]として[**Camera Rawフィルター**]が追加されています 3·10 。

［**Camera Rawフィルター**］の
グラデーションマスクはカン
バスに対して適用されるため、
移動や拡大・縮小をするとマス
クの位置がずれてしまいま
す 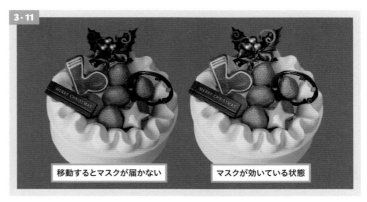 。それを防ぐため、ス
マートオブジェクトの中身にグ
ラデーションマスクをかけまし
た。

3·11

移動するとマスクが届かない　マスクが効いている状態

グラデーションマスクをかけたレイヤーを移動すると…

ケーキをマスクする

ケーキの形のベクトルマスクを作るため、［**ペンツール**］
を選択し、オプションバーで［**パス**］を選択し 3·12 、［**パ
スの操作**］を［**シェイプが重なる領域を中マド**］を選択し
たら 3·13 、ケーキの外周を左側からパスを引いていき
ます 3·14 。

パスの進行方向を変えるときは、［**option**］（［Alt］）キーを
押して、アンカーポイントから伸びたハンドルにカーソル
を近づけ、［**アンカーポイント切り替えツール**］になった
ら、ハンドルを片方だけクリック＆ドラッグして方向を変
更します 3·15 。

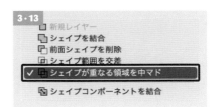

3·13
新規レイヤー
シェイプを結合
前面シェイプを削除
シェイプ範囲を交差
✓ シェイプが重なる領域を中マド
シェイプコンポーネントを結合

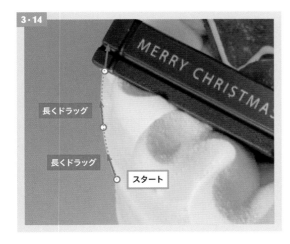

3·14
長くドラッグ
長くドラッグ
MERRY CHRISTMAS
スタート

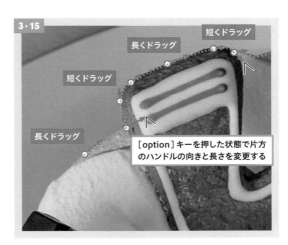

3·15
短くドラッグ
長くドラッグ
短くドラッグ
長くドラッグ
［option］キーを押した状態で片方
のハンドルの向きと長さを変更する

223

複雑なパスを引くときは?

ヒイラギのトゲの先端 `3·16` は緩いカーブになっているので、先端にはアンカーポイントを打たず、短めのドラッグで曲線を出し、トゲとトゲの真ん中にアンカーポイントを打ちます。同じリズムでアンカーポイントを打つと形が作りやすいです `3·17` 。

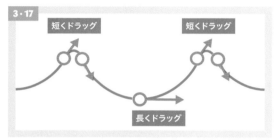

パスを繋げて終了する

ケーキをぐるっと囲んだら、スタート地点のアンカーポイントに(スタート地点のハンドルが動くことを防ぐための)[option]([Alt])キーを押しながら、カーソルを合わせてクリック&ドラッグして、パスを閉じます `3·18` 。[command]([Ctrl])キーを押した[パス選択ツール]でカンバスをクリックして、パスの編集状態を終了しておきます。

前面シェイプを削除で飾りの内側を削除する

ヒイラギの飾りの内側のパスを作成します `3·19` 。ゴールまで作成を終えると、パスが重なっているところが窓のように空いたパスが完成しました `3·20` 。

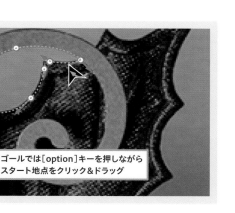

3·19

スタート

ゴールでは[option]キーを押しながら
スタート地点をクリック＆ドラッグ

3·20

 TIPS　パスを見失ってしまったときは

> パスは、作成しても［レイヤーパネル］には表示されない
> ため、見失ってしまうことがあります。［ウィンドウ］メニュ
> ーから［パス］を選択して［パスパネル］を表示し、［作
> 業用パス］をクリックすると、作業していたパスが画面に
> 表示されます。

マスクする

オプションバーで[**マスク**]をクリックすると、[**レイヤーパネル**]の[**cake**]レイヤーにベクトルマスク
サムネールが追加されます 3·21 。カンバス上を確認すると、ケーキが背景透過されました 3·22 。
今はスマートオブジェクトの中にいるので、[**command**]([Ctrl])キー＋[**S**]キーで変更を保存して閉
じます。

3·21

❶ [マスク]をクリック

❷ ベクトルマスクのサムネールが追加された

3·22

225

元のカンバスに戻ると、ケーキが色補正されマスクされた状態になりました。ケーキを縮小して右側に配置します。[cake]レイヤーを選択し、自由変形で[shift]キーを押しながら、ケーキ全体がカンバスに収まるように縮小します。ケーキが少し傾いて見えるので、左に回転し、配置を決定します。 3・23 。

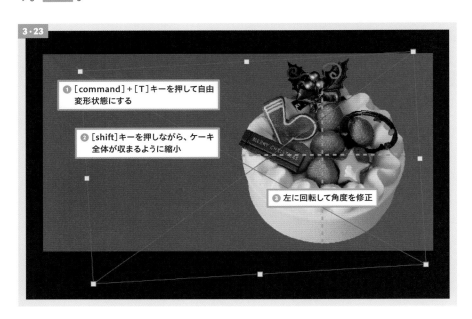

4 背景にグラデーションを追加する

緑色の塗りつぶしレイヤーに円形グラデーション 4・1 を追加して変化をつけます。

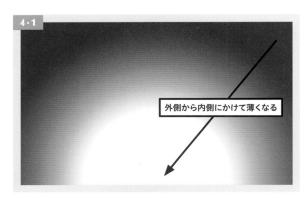

円形グラデーションの例

塗りつぶしレイヤーを選択し、[**レイヤーパネル**]下の *fx* から[**グラデーションオーバーレイ...**]を選び、ダイアログが開いたら[❶**描画モード:乗算**][❷**不透明度:100%**][❸**比率:150%**]と設定します 4・2 。

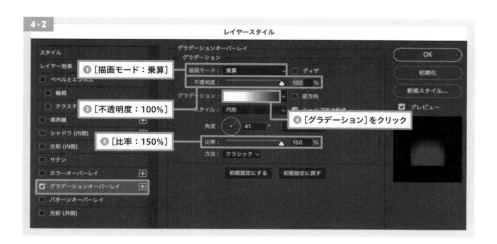

4・2

[グラデーション]をクリック 4・2 ❹ して[グラデーションエディター]を開きます。

4・3

② [#ffffff]に設定し、右に移動　① [#006515]に設定

グラデーションの外側を濃い緑にしたいので、右側の色の分岐点をクリックして[**カラーピッカー**]を開き、[**#006515**]と設定して[**OK**]で決定します。同じ手順で左側の色の分岐点は[**#ffffff**]（白）に設定し、分岐点を選択してスライダーの3分の1くらいのところまでドラッグ（グラデーションの長さを変更できます）し、[**OK**]ボタンで[**グラデーションエディター**]を閉じます 4・3 。

4・4

レイヤースタイルの設定ウィンドウが開いた状態で
カンバスをドラッグしてグラデーションを移動する

4・2 のレイヤースタイルのダイアログが開いた状態で、カンバスを上から下にクリック＆ドラッグし、カンバスの少し下にグラデーションの中心を移動します。位置が決まったら[**OK**]で決定します 4・4 。

グラデーションが移動しない場合は、一度[**OK**]でダイアログを閉じ、[**レイヤーパネル**]の[**グラデーションオーバーレイ**]をダブルクリックして、再度開いて試してください。

227

今回のデザインで入れるテキストは 5・1 の通りです。

② [多角形ツール]で星型を追加

③ テキストをクリスマスツリーの形に

① シェイプを作り、パス上テキストでテキストを追加

シェイプからパスを作成し、パス上テキストを入力する

[楕円形ツール] ◯ を選択し、オプションバーで[シェイプ][塗り:#fade21][線:なし]に設定して 5・2 、ケーキの右上を[shift]キーを押しながらドラッグして正円を作ります 5・3 。シェイプのレイヤーは[cake]レイヤーの下に配置しましょう。

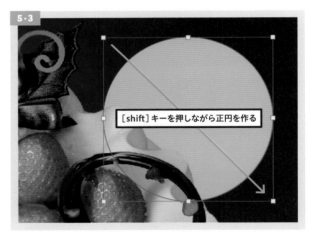

[shift]キーを押しながら正円を作る

パスに沿ってテキストを入力できる[パス上テキスト]で半円状にテキストを配置します。[パスパネル]を開くと、先ほど作成した[楕円形1シェイプパス]があります。これをパネル下の ⊞ アイコンにドラッグして、パスを複製します 5・4 。

ドラッグしてパスを複製

パスのサイズを小さくするため、複製した[楕円形1 シェイプパス のコピー]を選択した状態で、自由変形で、[option]([Alt])+[shift]キーを押しながら、内側に向かってドラッグし、半分くらいのサイズに縮小します 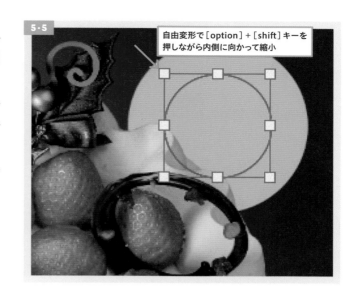。[段落パネル]で[中央揃え]に設定します 5・6 。

[文字パネル]で 5・7 のように設定し、[横書き文字ツール] を選択して、パス上のアンカーポイントにカーソルを近付けると、カーソルの表示が変化します 5・8 。そこでクリックして、「ご予約はお早めに」と入力して、[command]([Ctrl])+[return]([Enter])キーで決定します 5・9 。

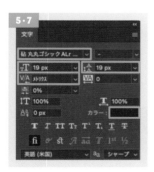

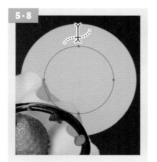

[横書き文字ツール]で[shift]キーを押しながら円の中央部分をクリックし、5・10 のように設定し「限定50」と入力します 5・11 。

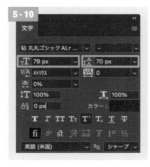

「限定」のテキストを選択し 、［文字パネル］で［垂直比率：40%］［水平比率：40%］に変更して 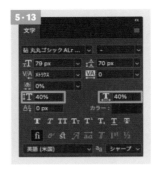、テキストのバランスを整えます。。

カーソルを「5」と「0」の間に移動させて、［option］（［Alt］）キーを押しながら［←］を押して、カーニングを調節します 5・15。
設定が終わったら［command］（［Ctrl］）＋［return］（［Enter］）キーでテキスト入力を終了しましょう。

［option］（［Alt］）キーを押しながら［←］キーでカーニングを調整

POP部分を作り終わったら、［移動ツール］で、ケーキやPOPの位置を調整して文字が被らないようにします 5・16。

TIPS
POP部分を動かすときは、シェイプや各テキストの位置がバラバラにならないよう、円のシェイプとテキストレイヤーすべてを複数選択した状態で［移動ツール］で調整します。

左側のテキストも、［**横書き文字ツール**］と［**多角形ツール**］ ⬡ で作っていきます。［**段落パネル**］で［**中央揃え**］にして 5・17 、［**文字パネル**］でテキストの入力設定を変更し、「2023 Merry Christmas」「今年はみんなそろってクリスマスパーティー ケーキはぜひご予約を」と入力します。［**多角形ツール**］でカンバスをクリックし、設定の通り星型を作ってツリーの形を完成させます 5・18 。

5・17 ［中央揃え］を選択

星型は［多角形ツール］で［線：なし］［塗り：#fade21］［幅：100px］［高さ：100px］［角数：5］［星の比率：50%］で作成

5・18

［**レイヤーパネル**］で、ツリーの形を構成する星型とテキストレイヤー2つを複数選択し、［**移動ツール**］ ✛ を選択して、オプションバーで［**中央揃え**］をクリックして、位置を調整します。ケーキやPOPも含め、バランスを整えましょう 5・19 。

5・19 ツリーの形を構成するレイヤーを選択して［中央揃え］をクリック

6 光をカスタマイズしたブラシで描く

仕上げに、イルミネーションのような光を追加しましょう。47ペー
ジで、[**ブラシツール**]は、実際にはスタンプのような仕組みであ
ると説明しました。[**ブラシツール**]を選択し、[**ブラシ設定パネ
ル**]を開くと、ブラシ先端のバリエーションがたくさん用意されて
います。この先端の形や間隔を変更することで、多彩な表現が
可能になります。今回は基本の[**円ブラシ**]をカスタマイズしてイ
ルミネーションブラシを2種類作成します。

まずはブラシで描画するための新規レイヤーを追加して、描画
モードを[**スクリーン**]に変更しておきましょう

ブラシ設定パネルでカスタマイズする

[**ブラシ設定パネル**]で[**ハード円ブラシ**]を選
び、直径と硬さ、間隔を 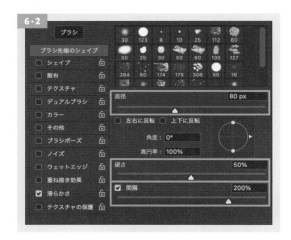 のように変更し
ます。

左メニューの[**シェイプ**]にチェックを入れて、
[**サイズのジッター：80%**]にします **6·3**。

[**散布**]にチェックを入れて、[**散布：700%**][**コ
ントロール：オフ**][**数：3**]にします **6·4**。

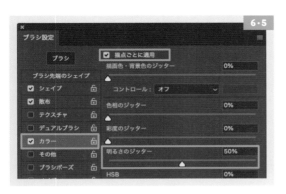

[カラー]にチェックを入れて、[描点ごとに適用：オン][明るさのジッター：50%]にします 6・5 。

これでブラシのカスタマイズは完了です。設定を変更していくたびに、パネルに表示されるブラシのプレビューが変化します 6・6 。

描画色：#fade21

カンバス全体が見える状態で（カンバス全体が見えるように表示倍率を変更）、[ブラシツール]を選択し、外側にはみ出すようにアーチを描くように、ブラシを左右に大きく動かして描画します。ブラシの円が、ランダムなサイズで描画されました 6・7 。

手前に、もう少しくっきりしたイルミネーションを描きます。[レイヤーパネル]で、先ほどのイルミネーションのレイヤーの上に新規レイヤーを追加し、[描画モード：スクリーン]にします 6・8 。

❷[スクリーン]を選択

❶クリックして新規レイヤーを追加

［ブラシ設定パネル］で先ほどのブラシの設定
を［直径:40px］［硬さ:100%］［間隔:200%］
に変更します 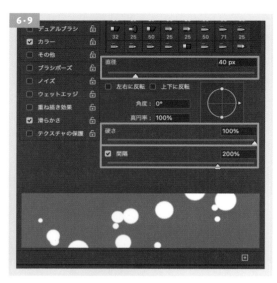。［散布］は［数:2］に変更
しました 。［ブラシツール］で、大きくアー
チを描いて描画します。先ほどよりくっきりしたイ
ルミネーションができました 6・11 。

イルミネーションに奥行きを出すために、最初に追加した
イルミネーションレイヤーを［レイヤーパネル］で［不透明度:
50%］にして完成です 6・12 。

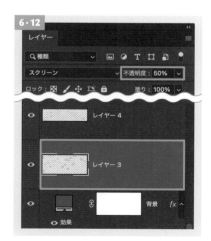

TIPS
作例では、ケーキの後ろにブラシで影を描いています。
LEVEL 3 STEP 5「ブラシで影を描こう」を参考に、影を
つけて立体的に見せてみましょう。

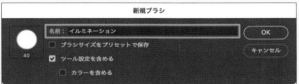

COLUMN　カスタマイズブラシの保存

カスタマイズしたブラシは、他のブラシに切り替えると設定が消えてしまいます。
ブラシの設定を保存しておきたいときはオプションバーのブラシ設定画面の右上にある歯車のアイコンをクリックして、[新規ブラシプリセット...]を選択して、名前をつけて保存します。

7　画像を書き出す

今回のデザインは、写真がメインとなり透明な部分もないことから、JPG形式で書き出すのがよさそうです。[**ファイル**]メニューから[**書き出し形式**]を選択し、ダイアログが開いたら、右側を[**形式：JPG**]に設定して中央のプレビューで画質を確認しましょう。問題なければ、右下の[**書き出し**]ボタンをクリックし、任意のファイル名で書き出します。

完成

3

2

1

0

補講

特典の課題ファイルを チェックしよう ③

オンラインセミナー告知用のバナーデザインを作る特典ファイルをダウンロードできます。
1つのデザインを流用して、異なるサイズのデザインを作ってみましょう。

■ セミナー用のバナー2種を作成する

完成図

完成図

メールマガジンやウェブサイト掲載用の[**幅:1200px**][**高さ:630px**]サイズのデザインと、広告用の
[**幅:750px**][**高さ:350px**]サイズのデザインを作成します。デザインは同じ要素で構成されている
ため、まずはアートボードでウェブサイト用のデザインを完成させ、それを複製して広告用デザイン
を作ります。素材サイトを使用して提供写真以外の素材を手配する方法についても解説しています。

特典の課題ファイルは、以下のサイトからダウンロードできます。

● https://book.mynavi.jp/supportsite/detail/9784839979027-tokuten.html

　※上記URLにアクセス後、「補講.zip」を選択してダウンロードしてください。

LEVEL 5

Photoshopで
ウェブデザインを作ろう

デザインカンプは、ウェブページを制作するうえで、クライアントとの認識を合わせたり、デザインを共有するために必要なウェブページの設計図です。これまでマスターしてきたことの集大成としてデザインカンプを作成していきます。

ウェブデザインを作るには

ここまで学んできたことを応用して、ウェブデザインのデザインカンプを作成しましょう。

■ ウェブデザインの制作工程

ウェブサイトは通常HTMLやCSSで制作しますが、何も計画せずにコードを書きはじめると、修正の要望があったときに大幅なやり直しが発生してしまいます。そのため、ウェブ制作の現場では、実際にコードを書く前に「**デザインカンプ**」を作って、クライアントの確認を取り、制作チームに共有します。

現在、ウェブデザイン制作の現場では、Adobe XD や Figma などウェブデザインに適したツールの登場により、Photoshop でデザインカンプを制作する機会は減っています。しかし、この章で詳しく説明するCCライブラリは、Photoshopで登録したアセットをXDでも使用できる他、今後はFigmaとの連携も進む可能性があります。Photoshop は「写真の補正・合成」や「LPなど写真を多用するデザインカンプ制作」のシーンで、ウェブデザインの現場にまだまだ残り続ける可能性が高いでしょう。

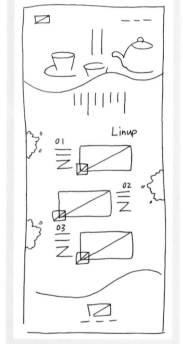

この章で制作するウェブサイトのワイヤーフレーム。ワイヤーフレームはウェブサイトのレイアウトを決める設計図となる

■ ウェブデザインで気をつけること

ウェブサイトのデザインは、これまで作成してきた1枚絵のバナーやサムネールとは違い、パソコンやスマートフォン、タブレットなどさまざまなサイズのデバイスで見やすい表示となるよう、レイアウトやテキストの大きさ、ウィンドウ幅によって改行位置が変わることを考えて制作することが大切です（案件によってどのサイズのデザインカンプを作成するかは変わってきます）。ひとつのHTMLで、ウィンドウのサイズによってレイアウトを変更する「レスポンシブデザイン」が、多くのウェブサイトで採用されています。

撮影：久岡健一
この章で制作するデザインです。右側のSP（スマホ用）デザインは特典PDFにてダウンロードできます。

TIPS

この章では、はじめてCCライブラリを使用してデザインを制作していきます。ウェブサイトのような複数ページのデザインやチームでの制作で、データの共有をする際の強い味方です。

TIPS

ウェブデザインカンプの制作は、多くの工程を経ているため、すでに解説した機能など、一部を省略して解説しています。不明な点は動画で確認してみましょう。

素材を
CCライブラリに登録しよう

動画で確認

［CCライブラリ］は、写真やテキストなどを登録してクラウド上に保存する機能です。登録したアセットを編集すると、配置済みのアセットすべてに修正内容を反映することができます。

提供素材

- ロゴ
- カートアイコン
- メインビジュアルの写真
- お茶の写真（3種）
- 茶葉の写真（3種）
- パッケージ画像（3種）

📁 sample/level5/STEP02

1 CCライブラリで新規ライブラリを作成

［**ウィンドウ**］メニューから［**CCライブラリ**］を選択します `1・1`。

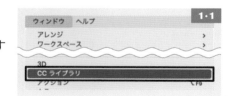

［**CCライブラリパネル**］が開いたら、［**新規ライブラリを作成**］をクリックして `1・2`、ライブラリ名を「suisaitea」と入力して［OK］ボタンを選択するとライブラリが作成されます。

ここに素材を登録していきます。デスクトップから直接ドラッグ&ドロップで登録すると元のファイル形式で、Photoshopで一度開いて登録すると、PSDまたはPSB形式で登録されます。どのような差があるかは281ページで解説しています。

まず、加工の必要がない素材から登録していきましょう。

フォルダから、ロゴ（logo.ai）とカートのアイコン（cart.svg）のファイルを複数選択し、[**CCライブラリパネル**]にファイルをそのままドラッグ＆ドロップして追加します 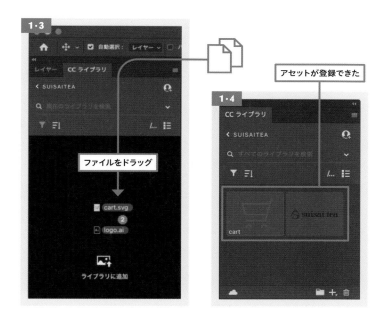 。ライブラリに登録された素材の一つひとつを「アセット」と呼びます。それぞれ[**logo**][**cart**]の名前でアセットが登録されました 1・4 。

COLUMN

[cart.svg]の[svg]という拡張子は、スケーラブルベクターグラフィックス（Scalable Vector Graphics）という画像フォーマットの一種で、Illustratorなどで制作したベクターのアイコンやロゴを、ウェブブラウザでも表示できるようにしたものです。 jpgやpngのようなラスター画像と異なり、拡大・縮小しても画質が変わらずきれいに表示されることから、アイコンやロゴ、アウトラインした文字などを保存するときに利用されます。

次にお茶の写真とメインビジュアルで使用する写真の4つのファイル（main.jpg、01-kirei-tea.jpg、02-kirei-tea.jpg、03-kirei-tea.jpg）を複数選択し、Photoshopで開き、[**レイヤーパネル**]で背景レイヤーを選択した状態にします。

[**CCライブラリパネル**]の[**suisaitea**]下の[**+**]をクリックして[**グラフィック**]を選択すると、画像が登録されます。アセット下の名前（レイヤー名がそのままアセット名になるため、ここでは「背景」）をダブルクリックして、もとのJPGファイルの名前「01-kirei-tea」をコピー＆ペーストして名前を変更します 1・5 。残り3つのファイルも同様に、CCライブラリに登録して名前を変更します。

241

2 茶葉をマスクして登録する

次は茶葉の写真3枚（01-kirei-leaf.jpg他）を登録します。ライブラリパネルを整理するため、茶葉はグループを作ってそこに登録します。［**CCライブラリパネル**］下のフォルダアイコンをクリックして新規グループを作成し、「茶葉」と名前を入力しておきましょう **2・1**。

茶葉の写真は、背景を透明にして使用したいので、1枚ずつPhotoshopで開いてレイヤーマスクを追加してから登録します。「01-kirei-leaf.jpg」を開き、茶葉だけを表示するレイヤーマスクを追加 **2・2** したら［**CCライブラリパネル**］の「**茶葉**」フォルダにドラッグ＆ドロップして登録します。アセット名は元のファイル名と同じ「01-kirei-leaf」に変更しておきます **2・3**。

2・1

❷「茶葉」と名前を入力

❶ クリックして新規グループを作成

2・2

［オブジェクト選択ツール］→［被写体を選択］
にて茶葉以外をマスクした状態

2・3

❶ レイヤーをドラッグして
［茶葉フォルダ］に登録

❷ ダブルクリックで、
アセット名を変更

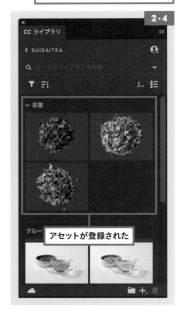

2・4

アセットが登録された

登録が完了したら「01-kirei-leaf.jpg」のファイルを閉じ、これを「02-hitoiki-leaf.jpg」と「03-oyasumi-leaf.jpg」でも繰り返します。茶葉のフォルダの中に3つの切り抜かれたアセットが入りました **2・4**。

POINT 元ファイルは保存しなくてもOK

登録した後、ウィンドウを閉じる際に［保存しますか？］というメッセージが出ます。必要なものはアセットとして登録されたので、ここは［保存しない］で閉じてOKです。

パッケージの画像3枚(01-kirei-can.jpg他)は［CCライブラリパネル］に「パッケージ」という名前の
フォルダを追加して登録します。
茶葉と同様、1枚ずつパッケージだけを表示するマスクを追加してから 「パッケージ」フォルダにドラッグ＆ドロップして登録し、アセット名を元の画像名に変更してファイルのウィンドウを閉じます **2・6** 。

缶の画像もマスクして登録する

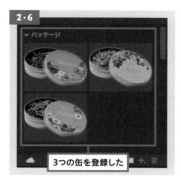

3つの缶を登録した

これで素材の準備は終了です。レイアウトに移っていきましょう。

TIPS

パッケージのように形がしっかりしたものは［ペンツール］を使ったベクトルマスク、茶葉のように形が複雑なものは［オブジェクト選択ツール］→［被写体を選択］でレイヤーマスクを作成するのがおすすめです。

COLUMN　色選びの手間を減らす色見本も登録可能

CCライブラリにはデザインの中で使用する色もあらかじめ登録できます。主にテキスト入力の際に使用する描画色［#543f41］を登録しましょう。登録したカラーは、テキストレイヤーやシェイプレイヤーを選択してクリックすると、反映できます。

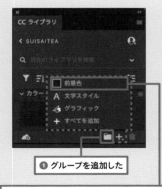

❶ グループを追加した

❷ あらかじめツールバーの［描画色］を設定して［前景色］を選択すると登録される

色はツールバー下の［描画色］をクリックしてカラーピッカーを開いて指定する

LEVEL 5

STEP 3

PCのデザインを作ろう

動画で確認

STEP 2で用意した素材を使ってレイアウトを組んでいきます。細かい操作手順は動画でも説明しています。

このSTEPで使用する主な機能

- スマートオブジェクト
- 文字ツール
- 曲線ペンツール
- 長方形ツール
- クリッピングマスク

POINT まずは全体の手順をチェック！

- アートボードを作成して、ガイドレイアウトを作成する
- メインビジュアルとヘッダーメニューを作る
- 商品紹介を1つ完成させ、流用して3つ作る

1 フォントの準備をする

今回ウェブサイト上で使用するテキストは、ウェブフォント（ウェブサーバーにあるフォントファイルを読み込んで表示させる）の[Noto Serif JP]と[Noto Sans JP]を使用する予定です。デザインカンプでも実際の見た目に近づけるため、以下のフォントをインストールしておきます。

● Google Fonts

https://fonts.google.com/noto/specimen/Noto+Serif+JP
https://fonts.google.com/noto/specimen/Noto+Sans+JP

アクセント部分には欧文フォントの[Miller Banner Roman]を使用するため、Adobe Fontsでアクティベートしておきましょう。
Adobe Fontsのウェブフォントはクライアントのウェブサイトに利用することはできないので、画像として書き出す想定です。

2 新規ドキュメントを作成する

PC版のデザインとスマホ版のデザインを並べて作成するという想定で作成していきます。1つのPSDファイルの中に2つのデザインを作成するため、アートボードで作成しましょう。

新規ドキュメント作成ダイアログで[**Web**]を選択し、幅「1440px」のプリセットを のようにカスタマイズして使用しましょう。ドキュメントは任意のファイル名で保存しておきます。

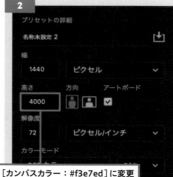

[高さ：4000]［カンバスカラー：#f3e7ed］に変更

> ### COLUMN アートボードのサイズ
>
> ウェブデザインを作るときのアートボードサイズは、モニタのサイズを想定して設定します。1280pxと小さめのモニタから1920pxと大きなものまでさまざまですが、今回は中くらいのサイズの「1440px」で作成しました。

3 ガイドを設定する

レイアウトを決める参考にするため、コンテンツサイズを横に12列(カラム)に分けた、[**12カラムのグリッドレイアウト**]を作っていきます。

> ### COLUMN コンテンツサイズとは?
>
> 表示する写真やテキストなどのコンテンツが、アートボードの横幅いっぱいに入っていると画面が見づらくなります。そのため、ウェブデザインではアートボードのサイズの他に、別途、コンテンツサイズを設定することがあります。
> コンテンツサイズで決めた幅は、絶対にはみ出してはいけない、というものではありません。サイト上、重要なコンテンツはガイド内に収めつつ、レイアウトにメリハリを持たせるためにあえてはみ出させるなど、うまく使い分けていきましょう。
>
>

4

3

2

1

0

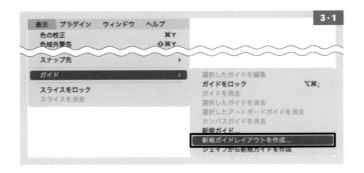

[**表示**]メニューから[**ガイド**]→[**新規ガイドレイアウトを作成...**]をクリックします **3・1** 。

今回は1つのカラムを「64px」、その間の余白(ガター)を「24px」にして、合計のコンテンツ幅「1032px」のガイドレイアウトを作ります。

設定ウィンドウが開いたら、[**①列：チェックあり**][**②数：12**][**③幅：64px**][**④間隔：24px**][**⑤列を中央に揃える：チェックあり**]とします。[**OK**]をクリックしてガイドレイアウトを作成します **3・2** 。

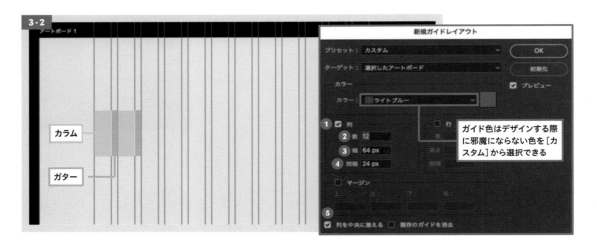

ガイド色はデザインする際に邪魔にならない色を[カスタム]から選択できる

カラム

ガター

TIPS

作成したガイドはデフォルトではロックされていません。意図せず動かさないよう［表示］メニューから［ガイド］→［ガイドをロック］を選択し、ガイドを固定しておきます。

4 メインビジュアルを作る

メインビジュアルは、やわらかい印象を作り出すために、曲線のシェイプを作って写真をクリッピングマスクします **4・1** 。

この部分を作る

高さの目安になるガイドを作成する

メインビジュアルの高さの目安にするためにガイドを作成します。[表示]メニューから[ガイド]→[新規ガイド]をクリックして[**①水平方向**][**②位置：880**]と入力して[**OK**]します 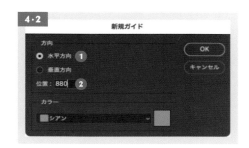。作成したガイドを高さの目安に、曲線のシェイプを作成しましょう。

[**曲線ペンツール**]を選択し 、オプションバーで[**シェイプ**][**塗り：任意の色**][**線：なし**]を選択して **4·4**、左のアートボードの外からスタートして、クリックだけでぐるっと一周します **4·5**。

シェイプができたら[**CCライブラリパネル**]から[**main**]をドラッグ＆ドロップして配置し、[**shift**]キーを押しながらアートボードより一回り大きいサイズまで縮小して[**return**]（[Enter]）キーで決定します **4·6**。

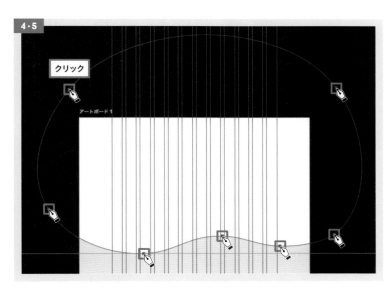

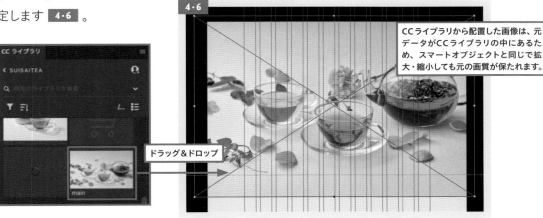

CCライブラリから配置した画像は、元データがCCライブラリの中にあるため、スマートオブジェクトと同じで拡大・縮小しても元の画質が保たれます。

［**レイヤーパネル**］で［**main**］レイヤーを選択し、パネルメニューから［**クリッピングマスクを作成**］をクリックします。メインビジュアルの写真が曲線のシェイプでマスクされました **4・7** 。

パネルメニューから［クリッピングマスクを作成］をクリック

CC ライブラリから配置されている画像には［ライブラリグラフィック］という雲のアイコンが表示されている

シェイプの形にマスクされた

5 メインコピー（縦書き）を入れる

メインとなるコピーのテキストを作成していきます。［**文字パネル**］で **5・1** のようにテキストの設定をします。

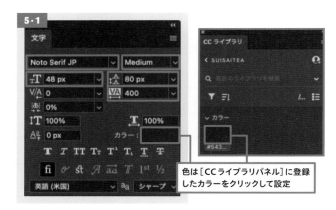

色は［**CC ライブラリパネル**］に登録したカラーをクリックして設定

［**縦書き文字ツール**］を選択して、メインビジュアルの上の方をクリックして「日常を彩る」と入力して改行し、2行目に「からだ潤う」と入力しましょう **5・2** 。

TIPS
ガイドの表示・非表示は ［command］（［Ctrl］）＋ ［ : ］キーで切り替え可能です。

小さなサブコピーも作成しましょう。[**文字パネル**]の
テキストサイズと行送り、トラッキングを変更したら
 、先ほどのコピーの右側をクリックして「オーガ
ニックブレンドハーブティー」と入力します 5・4 。

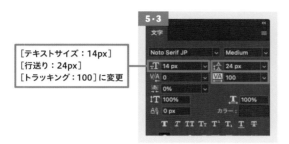

[テキストサイズ：14px]
[行送り：24px]
[トラッキング：100]に変更

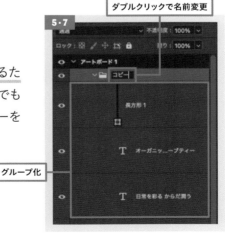

コピーの間にラインを入れましょう。[**長方形ツール**]を選択し、
オプションバーで[**シェイプ**][**線：なし**]と設定します 5・5 。
[**ラインツール**]で作成した1pxの線はにじんで見えることがあ
るので、[**塗り**]のシェイプで代用しています。

アートボードの上で、コピーの間に、幅1px、サブコピーと同
じ高さの長方形をドラッグで作成します 5・6 。
作成できたら、CCライブラリで登録したカラーをクリックして、
塗りの色に反映します。[**移動ツール**]を選択し、コピー、サブ
コピー、長方形シェイプの3つのレイヤーをバランスよく整えま
す。

レイヤー数の多いデザインを作る際、作業をスムーズにするた
めに、こまめにグループ化して整理しておきましょう。ここでも
「コピー」「サブコピー」「長方形シェイプ」の3つのレイヤーを
グループ化して、「コピー」と名付けました 5・7 。

ダブルクリックで名前変更

グループ化

グループを選択した状態で、[**移動ツール**]を選択し、オプションバーで[**中央揃え**]にします。コピーの位置に合わせて、[**main**]のレイヤーも、移動させたり、自由変形で拡大縮小したりしてバランスを整えます 5・8 。

6 ヘッダーメニューを作る

一番上に配置する、ロゴと3つのメニューを入れるための空のグループ「ヘッダー」を作成します。[**CCライブラリパネル**]から[**logo**]をアートボードにドラッグ&ドロップします 6・1 。[**shift**]キーを押しながら[**幅:180px**]くらいのサイズにサイズを整えて[**return**]([Enter])キーで配置を確定したら、「ヘッダー」グループの中にレイヤーを移動しておきます 6・2 。

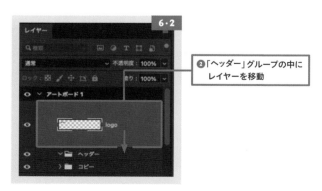

ヘッダーの右側にはメニューテキストを配置します。[**文字パネル**]でテキスト設定を変更し、[**横書き文字ツール**]でアートボードの右上をクリックして、「商品一覧」と入力して[**command**]([Ctrl])+[**return**]([Enter])キーで入力を終了します。同じ要領で「取り扱い店舗」「カートを見る」のテキストも入力しましょう 6・3 。

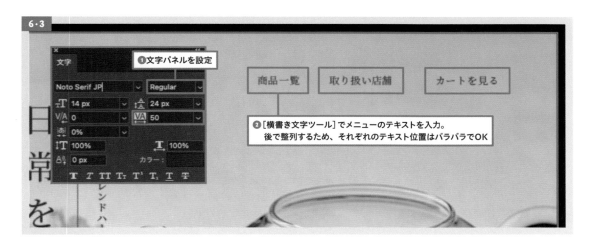

メニューの中でも、「カートを見る」はサイトの中で特に重要なので、アイコンを文字の左に配置して強調します。[**CCライブラリパネル**]から[**cart**]をドラッグ&ドロップして、「カートを見る」の左に移動して配置します 6・4 。この2つはセットなのでグループ化しておきます 6・5 。

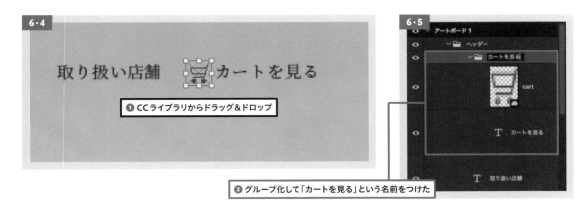

[**レイヤーパネル**]で先ほど作成した「カートを見る」グループとテキスト、ロゴを選択し、[**移動ツール**]を選択してオプションバーの[**垂直方向中央揃え**]をクリックします。これで作成した要素の垂直方向がきれいに揃いました 6・6 。

次にメニュー間の余白を揃えます。Photoshopは「レイヤーとレイヤーの間の余白を○○px分空ける」というような整列が苦手です。そのため、アナログな方法ですが、空けたい余白分のシェイプを作り、それを定規代わりに並べて余白のサイズを統一して、並べ終わったらシェイプを削除します 6・7 。

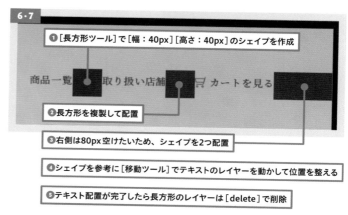

[**レイヤーパネル**]でロゴレイヤーを選択し 6・8 、[**プロパティパネル**]で[**X:80px**]と入力して[**return**] 6・9 （[Enter]）キーで決定すると、アートボードの端から、X方向（横）に80pxの位置にロゴレイヤーが配置されました 6・10 。
これでヘッダーが完成しました。

7　メインビジュアル下のコンセプト文を作る

メインビジュアル下の縦書きのコンセプト文を入力します。[段落テキスト]を使用して、メインビジュアルの曲線に合わせて、コンセプト文のテキストボックスの上も曲線にしていきます 7・1 。

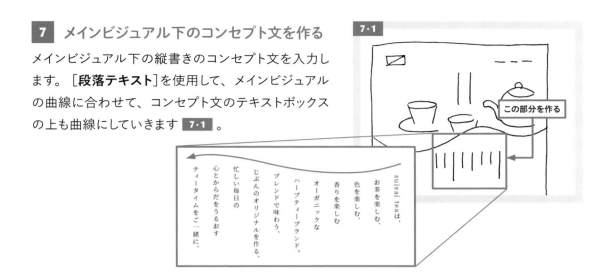

7・1

この部分を作る

suisai tea は、
お茶を楽しむ、
色を楽しむ、
香りを楽しむ
オーガニックな
ハーブティーブランド。
ブレンドで味わう、
じぶんのオリジナルを作る、
忙しい毎日の
心とからだをうるおす
ティータイムをご一緒に。

まず、テキストを入れるためのパスを作成しましょう 7・2 7・3 7・4 。

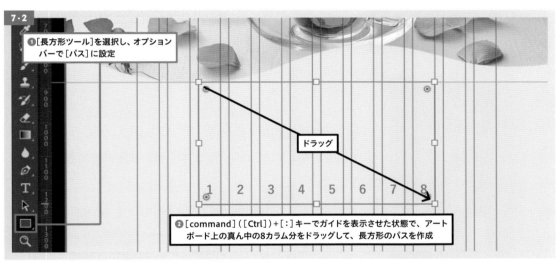

7・2

❶[長方形ツール]を選択し、オプションバーで[パス]に設定

ドラッグ

❷[command]([Ctrl])+[:]キーでガイドを表示させた状態で、アートボード上の真ん中の8カラム分をドラッグして、長方形のパスを作成

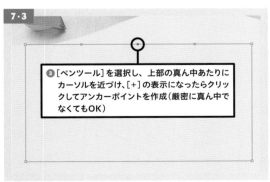

7・3

❸[ペンツール]を選択し、上部の真ん中あたりにカーソルを近づけ、[+]の表示になったらクリックしてアンカーポイントを作成（厳密に真ん中でなくてもOK）

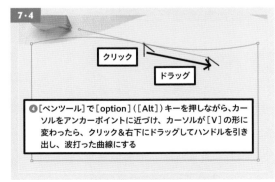

7・4

クリック

ドラッグ

❹[ペンツール]で[option]([Alt])キーを押しながら、カーソルをアンカーポイントに近づけ、カーソルが[V]の形に変わったら、クリック＆右下にドラッグしてハンドルを引き出し、波打った曲線にする

253

パスができたら、素材ファイルの中から[detail.txt]を開き、コンセプト文をコピーします。
Photoshopに戻り、[文字パネル]でテキスト設定を変更し **7・5** 、[**縦書き文字ツール**]を選択して、アートボード上で作成したパスの中にカーソルを移動させます。カーソルの表示が変わったら、クリックして、コピーしたコンセプト文をペーストしましょう。作成したパスの形にテキストが流し込まれて、[**段落テキスト**]になりました。[**command**]([Ctrl])+[**return**]([Enter])キーで入力を終了します **7・6** 。

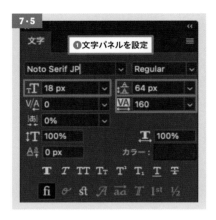

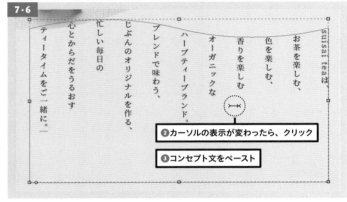

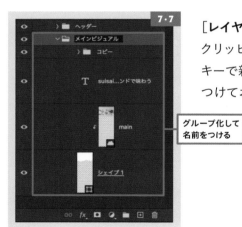

[**レイヤーパネル**]で、コンセプト文とコピーのフォルダ、写真のクリッピングマスクを複数選択して[**command**]([Ctrl])+[**G**]キーで新規グループを作成し、[**メインビジュアル**]という名前をつけておきます。これでビジュアル部分は完成です **7・7** 。

8 商品一覧を作る

3つの商品の情報を並べていきます。ラフの通り、商品のテキストと缶、お茶の写真をセットにして、レイアウトを互い違いに3つ配置します **8・1** 。茶葉は背景として商品の間に挟みます。

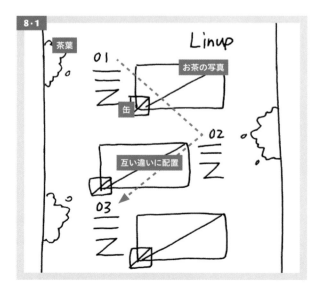

① クリックして空のグループを作成

② 「01」と名前をつけた

1つ目のレイアウト用にグループを作成し、グループ名を「01」と設定します **8・2** 。

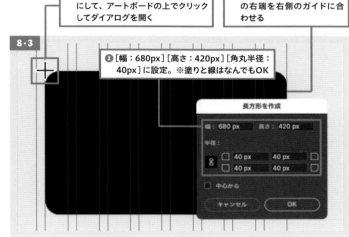

① [長方形ツール]を選択し[シェイプ]にして、アートボードの上でクリックしてダイアログを開く

③ 作成された角丸のシェイプの右端を右側のガイドに合わせる

② [幅：680px][高さ：420px][角丸半径：40px]に設定。※塗りと線はなんでもOK

長方形を作成

幅： 680 px　　高さ： 420 px

半径：

40 px　　40 px

40 px　　40 px

□ 中心から

キャンセル　　OK

お茶の写真を配置する

レイアウト上、一番大きく見せたいお茶の写真を配置します。写真のトリミングのクリッピングマスク用に角丸の[**シェイプ**]を作成し、[**移動ツール**]で一番右のガイドにシェイプの右端を合わせるように移動します **8・3** 。

作成したシェイプレイヤーの上に[**CCライブラリパネル**]から[**01-kirei-tea**] **8・4** をドラッグ&ドロップして配置します。[**shift**]と[**option**]（[Alt]）キーを押しながらバランスのよいサイズまで縮小して決定します。配置した[**01-kirei-tea**]レイヤーを選択して、パネルメニューから[**クリッピングマスクを作成**]を選択すると、シェイプの形でマスクされました。[**移動ツール**]で位置やサイズを調整しましょう **8・5** 。

① 角丸のシェイプの上にドラッグ&ドロップ

② 写真のサイズを調整し、角丸のシェイプでクリッピングマスク

③ [移動ツール]で位置やサイズを調整

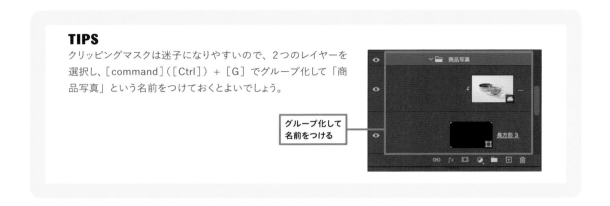

グループ化して名前をつける

商品情報のテキストを作る

商品名と商品説明用のテキストを入力します。まず商品名から入力しましょう。[**横書き文字ツール**]を選択し、お茶の写真の左側で、一番左のグリッドのところに合わせてクリックして「きれいブレンド」と入力します **8・6**。

8・6

❶ [きれい]と[ブレンド]の間で改行

❶ 文字パネルを設定

8・7

選択

お茶の写真と商品名のテキストの頭を揃えます。テキストレイヤーと[**商品写真**]のフォルダを選択し **8・7**、[**移動ツール**]を選択して[**上端揃え**]をクリックします。見出しのテキストと商品写真の上が揃いました **8・8**。

8・8

[移動ツール]を選択し、[上端揃え]をクリック

上端揃えになった

Photoshopでウェブデザインを作ろう

LEVEL
5

4

3

2

1

0

COLUMN　整列が必要な画像はクリッピングマスクを使用する

レイヤーマスクやベクトルマスクを整列すると、マスク後の画像サイズでなく、「元の画像サイズ」を基準に整列されてしまいます。一方、クリッピングマスクはグループにまとめることで、マスク後のサイズで整列することが可能です。整列が必要なときはグループ化したクリッピングマスクを使うようにしましょう。

商品説明用テキストは、「STEP02」フォルダの中にある「detail.txt」の内容をコピーして使用します　8・9　。
［**文字パネル**］の設定　8・10　を変更したら［**横書き文字ツール**］を選択してあらかじめテキストボックスを作成し、コピーしたテキストをペーストして流し込みます　8・11　。

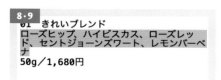

> 8・9
> 01 きれいブレンド
> ローズヒップ、ハイビスカス、ローズレッド、セントジョーンズワート、レモンバーベナ
> 50g／1,680円

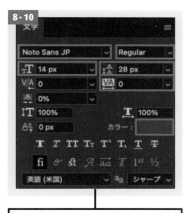

> 8・10
> 文字
> Noto Sans JP　Regular
> T 14 px　　A 28 px
> VA 0　　VA 0
> 0%
> IT 100%　　T 100%
> A 0 px　　カラー：
> 英語 (米国)　aa シャープ

［フォント：Noto Sans JP］［文字サイズ：14px］、［フォントファミリー：Regular］、［行送り：28px］、［トラッキング：0］、フォントカラーは少し薄めの「#68595a」に変更

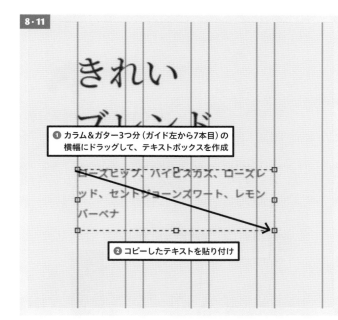

> 8・11
> きれい
> ブレンド
>
> ❶ カラム＆ガター3つ分（ガイド左から7本目）の横幅にドラッグして、テキストボックスを作成
>
> ローズヒップ、ハイビスカス、ローズレッド、セントジョーンズワート、レモンバーベナ
>
> ❷ コピーしたテキストを貼り付け

TIPS
小さい文字は明朝体だと少し読みづらさを感じるため、説明テキストはゴシック体の［Noto Sans JP］に切り替えました。

ブレンドのテキスト下の価格 8・12 と、ボタンになる部分のテキストも作成しました 8・13 8・14 。

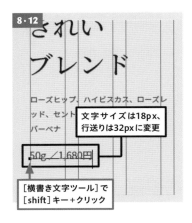

文字サイズは18px、行送りは32pxに変更

[横書き文字ツール]で[shift]キー+クリック

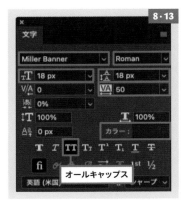

オールキャップス

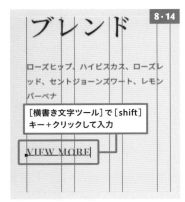

[横書き文字ツール]で[shift]キー+クリックして入力

TIPS

既に入力済みのテキストの近くに文字を入力しようとカンバスをクリックすると、入力済みのテキストが編集状態になってしまうため、新規テキストを入力する際は、[shift]キーを押しながらクリックしましょう。

COLUMN　ボタンの作り方

「VIEW MORE」の横のボタンは、[楕円形ツール]と[長方形ツール]を使って作成しています。このボタンは他の商品でも同じものを使用します。[VIEW MORE]のテキストと一緒に複数選択し、レイヤーを右クリックして[スマートオブジェクトに変換]して「ボタン」という名前にしておきましょう。後から変更しやすい、便利な共通パーツになります。

[線幅：1px]に設定（塗りはなし）で[幅：48px][高さ：48px]の正円

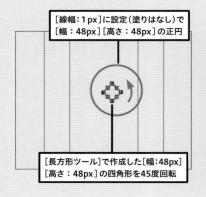

[長方形ツール]で作成した[幅：48px][高さ：48px]の四角形を45度回転

[パス選択ツール]で左のアンカーポイントを1つ選択して削除して矢印の形を作った

飾りの数字を入れて商品情報を完成させる

商品名の上に、飾りの数字とシェイプを入れます。［**横書き文字ツール**］で商品名の上をクリックして［**01**］と入力し、［**return**］（［Enter］）キーで決定します 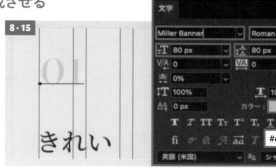 。

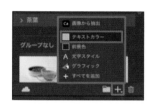

TIPS

このピンクは別の場所でも使いたいので、CCライブラリに登録しておきます。［CCライブラリパネル］下の［＋］から［テキストカラー］を選択して追加します。
アセットが追加されたら、ドラッグして「カラー」フォルダの中に移動しておきます。

［**長方形ツール**］を選択し、オプションバーを［**シェイプ**］［**線：なし**］に設定して、数字の下に［**高さ：1px**］、幅は入力した「01」の「0」の横幅くらいの長さの長方形をドラッグで作成します **8・16** 。

テキストを整列する

テキストが揃ったので、［**レイヤーパネル**］で、すべての商品テキストとボタンのスマートオブジェクトを複数選択し、［**移動ツール**］のオプションバーで［**左端揃え**］にします。一番左のガイドに頭が揃っているか確認し、ずれている場合は左右の矢印キーで調節しましょう **8・17** 。

最後にテキストの上下の余白を決めます。商品名はお茶の写真の上端揃え、ボタンのスマートオブジェクトはお茶の写真の下端揃えにします。他の要素は、ヘッダー作成時と同じく、[**長方形ツール**]で空けたい余白分のシェイプを作成してガイド代わりに使用します。並べ終わったらシェイプのレイヤーは削除しましょう 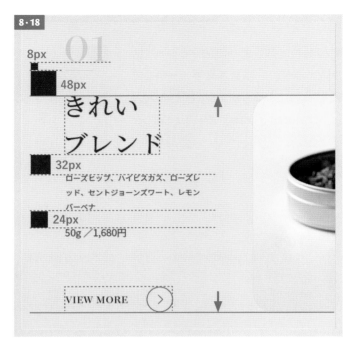。

レイヤーが多くなってきたので、商品情報にまつわるレイヤーを複数選択し、[**command**]([Ctrl])+[**G**]キーで新規グループを作成して「商品情報」という名前をつけます 8・19 。

パッケージ写真を配置する

最後にパッケージの写真を配置します。[**CCライブラリパネル**]で「パッケージ」グループの中から[**01-kirei-can**]をアートボードの上にドラッグ＆ドロップします。サイズを指定して配置したいので、オプションバーでリンクマークにチェックを入れて、[**W:288px**]と入力して[**return**]([Enter])キーで決定します。指定したサイズでグラフィックライブラリが配置されました。[**移動ツール**]で、左から6本目のガイドに合わせて配置します。これで1つ目の商品情報は完成です 8・20 。

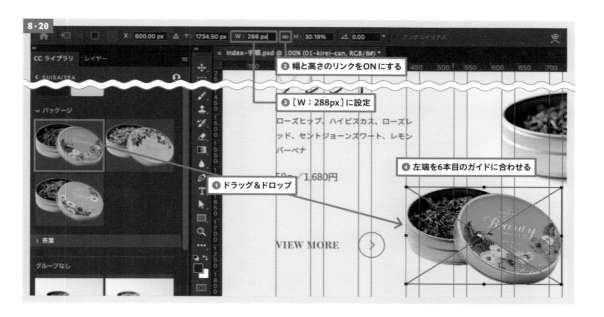

8·20

② 幅と高さのリンクをONにする

③ [W：288px] に設定

④ 左端を6本目のガイドに合わせる

① ドラッグ＆ドロップ

ローズヒップ、ハイビスカス、ローズレ
ッド、セントジョーンズワート、レモン
バーベナ

50g／1,680円

VIEW MORE

9 完成した商品1を複製して商品2と商品3を作る

[**レイヤーパネル**]で「01」のフォルダを選択して、[**command**]
（[Ctrl]）+[**J**]キーでフォルダの中身ごと複製します。複製された
フォルダの名前をダブルクリックして「02」に変更します **9·1**。

9·1

[01]フォルダを複製し、名前を[02]に変更する

9·2

「02」フォルダを選択した状態で[shift]キーを押しながら移動する

[**移動ツール**]を選択し、[**レイヤーパネル**]で
「02」フォルダを選択した状態で[**shift**]
キーを押しながら下に移動します。複製さ
れた[**02**]のレイヤーたちが下に移動しまし
た **9·2**。

261

商品情報と写真の左右を入れ替えます。「02」フォルダの[**商品情報**]を選択し、[**移動ツール**]で[**shift**]キーを押しながら右に移動します。商品情報のテキストやシェイプの頭を、右から7本目のガイドに揃えます 9・3 。

次に[**商品写真**]フォルダとパッケージの写真のレイヤーを選択し、同様に左に移動して写真を一番左のガイドに揃えます。これでレイアウトの反転は完了です 9・4 。

写真を差し替える

「02」フォルダの写真を差し替えましょう。「02」フォルダの[**01-kirei-tea**]レイヤーを選択し、[**CC ライブラリパネル**]から[**02-hitoiki-tea**]をドラッグ＆ドロップします。[**shift**]＋[**option**]（[Alt]）キーを押しながら縮小して決定します 9·5 。

パネルメニューで[**クリッピングマスクを作成**]し、[**移動ツール**]で位置とサイズを調整したら、[**01-kirei-tea**]のレイヤーは削除してしまいましょう。

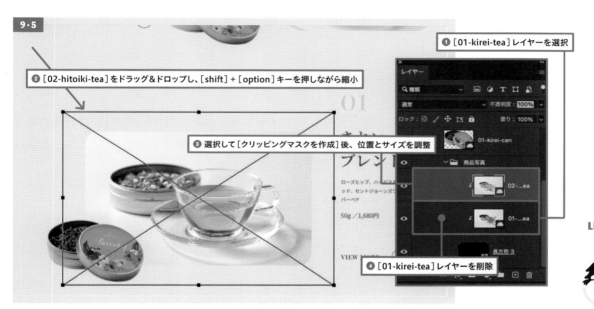

9·5

❶ [01-kirei-tea] レイヤーを選択

❷ [02-hitoiki-tea] をドラッグ＆ドロップし、[shift] + [option] キーを押しながら縮小

❸ 選択して [クリッピングマスクを作成] 後、位置とサイズを調整

❹ [01-kirei-tea] レイヤーを削除

パッケージ画像も同じ要領で差し替えて元の画像は削除します。テキストを選択し、「02」のものをペーストして完了です 9·6 。

9·6

商品3も「01」フォルダを複製して「03」フォルダを作成し、9・5 と同様の手順で差し替えます。

商品説明のテキストが1行少なくなるので、価格のテキストの高さを修正します 9・7 。

完了したら、[**レイヤーパネル**]で、「01」「02」「03」の順番を並べ替え、複数選択して[**新規グループを作成**]します。名前は「商品一覧」に変更します 9・8 。

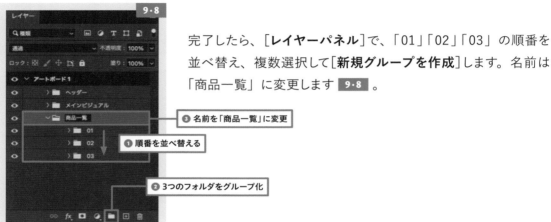

❸ 名前を「商品一覧」に変更

❶ 順番を並べ替える

❷ 3つのフォルダをグループ化

コンセプト文と商品1の間に、商品一覧の見出しも作成して入れておきましょう 9・9 。

画像の[**文字パネル**]の通り設定して「Lineup」と入力します。

さらに、フォントを[**Noto Serif JP**]、フォントサイズ[**20 px**]、トラッキング[**200**]に変更、カラーをCCライブラリに登録した茶色にして「3つのブレンド」と入力します。

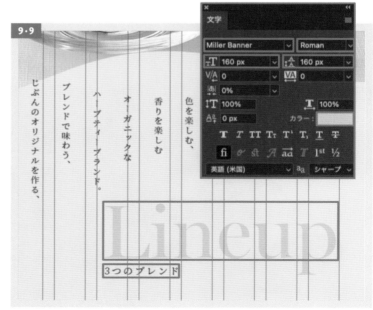

10 レイアウトを整える

最後の仕上げの前に、余白のサイズを整えていきます。

これまでと同じく、[**長方形ツール**]で左クリックして余白分のサイズのシェイプを作り、それをガイド代わりにして、[**移動ツール**]でグループを選択して移動させます **10・1**。しっかりグループを分けておいたのがここで役に立ちました。

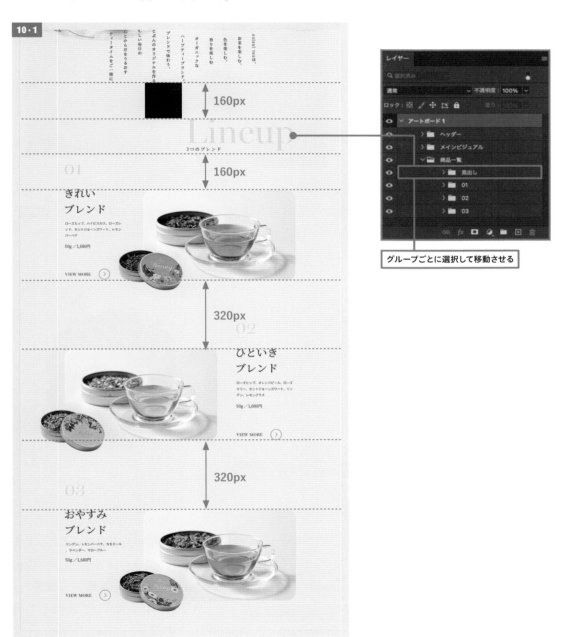

グループごとに選択して移動させる

背景に茶葉の写真を入れます。
[CCライブラリパネル]で、[茶葉]
→[01-kirei-leaf]を、商品1の左
上にドラッグ&ドロップします。少し
大きいので、半分のサイズにします。
オプションバーでリンクにチェック
を入れて、[W:50%]と入力して
[return]([Enter])キーで配置します
10・2 。

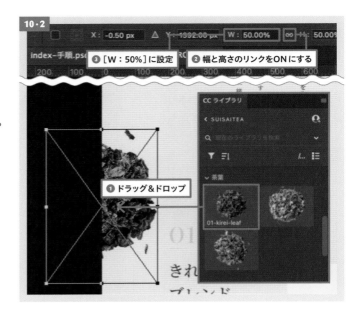

背景なので、「商品一覧」フォルダの一番下に移動します 10・3 。
同じ手順で[02-hitoiki-leaf][03oyasumi-leaf]も、ドラッグ
&ドロップして50%のサイズにして配置します。

葉の写真をよく見ると、左上から光があたり、右下の影が
強めになっています 10・4 。

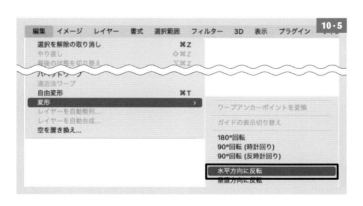

今回は半分しか表示しないので、
左側の明るい方を見せることにしま
す。[レイヤーパネル]で[01-kirei
-leaf]を選択し、[編集]→[変形]→
[水平方向に反転]して反転して表
示します 10・5 。

［**移動ツール**］で、配置した茶葉を数字の真横より少し下の位置に移動して、全体的なバランスを取ります  10･6 。同じように右部分が見えている［**03-oyasumi-leaf**］も反転しバランスを取ります。

10･6

10･7

背景に曲線を引いて、商品一覧のまとまりを出します。

［**ペンツール**］を選択し、オプションバーで［**シェイプ**］［**カラー：#edcce3**］（CCライブラリに登録したピンク）］［**1px**］と設定して、曲線を書きます。［**Lineup**］の文字の右上からはじめて、アンカーポイントは少なめに、ドラッグを大きめにして描いていきます 10･7 10･8 。これで背景が完成です。

10･8

茶葉と曲線のレイヤーを複数選択し、[**command**]([Ctrl])+
[**G**]でグループ化します。「背景」という名前をつけておきま
しょう 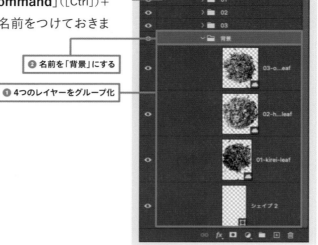 。

❷ 名前を「背景」にする

❶ 4つのレイヤーをグループ化

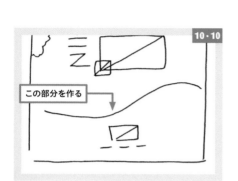

この部分を作る

フッターも同様に[**曲線ツール**]で滑らかなラインを作成
します 10·10 。

[**曲線ツール**]を選択し、オプションバーで[**シェイ
プ**][**塗り：#ffffff**][**線：なし**]に設定し 10·11 、
アートボードの上でクリックして、なめらかな白い
背景を作成します 10·12 。

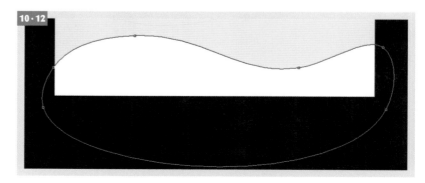

［**CCライブラリパネル**］から［**logo**］をドラッグ＆ドロップして、大きさを整えたら［**return**］（［Enter］）キーで配置します。［**logo**］レイヤーを選択し、［**移動ツール**］のオプションバーで［**中央揃え**］にします。アートボードに対して中央に整列しました 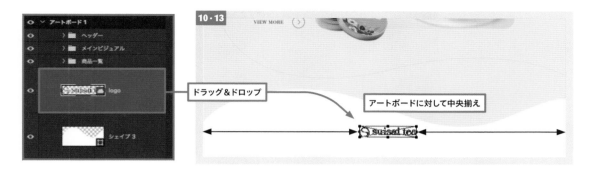。

ドラッグ＆ドロップ

アートボードに対して中央揃え

［**レイヤー**］パネルでロゴとシェイプのレイヤーを選択して、［**command**］（［Ctrl］）＋［**G**］でグループ化したら「フッター」という名前をつけます 。

11　デザイン確認用のファイルを書き出す

デザインが完成したらファイルを書き出します。デザイン確認ではファイル容量より画質を優先したいので今回はPNGで書き出します。一番外側の［**アートボード1**］を右クリックして［**PNGとしてクイック書き出し**］を選択します 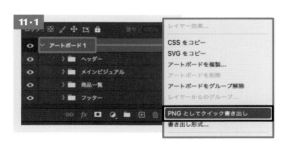。保存のウィンドウが開いたら、任意の名前をつけます 11・2 。書き出されたファイルを共有してデザイン確認を依頼します。

PCのトップページであるということがわかる名前がおすすめ

完成

完成！

特典のPDFでは、完成したPCのデザインを流用し、スマホのデザインを作成する課題を用意しています。

アートボードを並べて作成することで、CCライブラリのアセットやスマートオブジェクトを流用し、変更や差し替えに強いデータ作りができます。

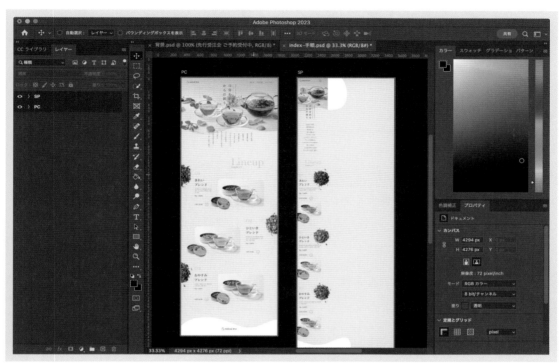

· https://book.mynavi.jp/supportsite/detail/9784839979027-tokuten.html
 ※スマホのデザイン作例は上記URLにアクセス後、「補講.zip」を選択してダウンロード

LEVEL **5**

STEP **4**

⏱ 10分

デザインを共有する

動画で確認

デザインのOKが出たら、チームにPSDデータを共有します。
ここではCCライブラリで管理しているデータの共有方法を
2つ学びましょう。

■ CCライブラリを使用したデザインを共有する

CCライブラリは、自分だけが使えるライブラリのため、このままPSDを他の人に共有すると、表示はできても編集はできません。共有、またはグラフィックの埋め込みで対応しましょう。

1 CCライブラリを共有する方法

[**CCライブラリパネル**]のパネルメニューを開き[**ユーザーを招待...**]をクリックすると **1·1** 、[**Creative Cloud**]デスクトップアプリケーションが開きます **1·2** 。

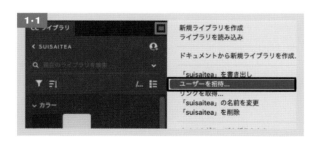

ライブラリのアセットを編集したり、他のソフトで利用する予定があれば[編集可能]、編集せず画像の書き出しのみ使用するのであれば[閲覧のみ]を選択して[招待]をクリック

[**ユーザーを招待**]のフォームに、ライブラリを共有したい相手のAdobe IDのメールアドレスを入れます。相手にライブラリ共有のメールが届けば、共有が完了し、CCライブラリから使用している素材も問題なく表示できます。
共有後は、他の人が[**suisaitea**]ライブラリに追加したアセットも使用できるようになります。

レイヤーの中から、CCライブラリから配置しているライブラリグラフィックのみを表示させます。

[**レイヤーパネル**]上の❶をクリックしてレイヤーフィルタリングがオン（丸が上の状態）になったら、❷のセレクトボックスを[**スマートオブジェクト**]にします。

これによって、スマートオブジェクトだけがパネルに表示され、他のレイヤーは非表示になりました。さらにCCライブラリから配置したライブラリグラフィックだけを表示させたいので、セレクトボックス右の❸の雲のアイコンをクリックします。これでライブラリグラフィックのレイヤーだけが表示されました **2・1** 。

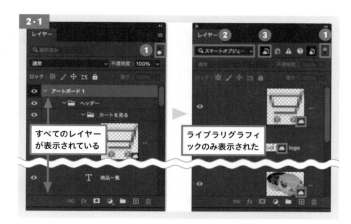

COLUMN

この機能は［レイヤーパネル］の中で、レイヤー名や種類から目的のレイヤーだけをフィルタリングして表示させるものです。レイヤーの順番が変わったように見えますが、あくまで他のレイヤーが非表示になっているだけで、レイヤー構成には変更ありません。

[**プロパティパネル**]を使用して、CCライブラリの中にあるライブラリグラフィックをスマートオブジェクトとしてPSDの中に埋め込みます。

試しにロゴのレイヤーを埋め込んでみましょう。[logo]レイヤーを選択し **2・3** 、[**プロパティパネル**]で[**埋め込み**]を選択します **2・4** **2・5** 。[**レイヤーパネル**]上の雲アイコンが、スマートオブジェクトのアイコンに変化しました **2・6** 。

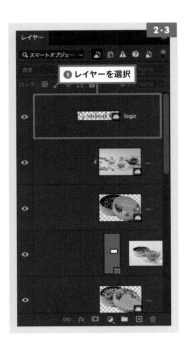

❶ レイヤーを選択

❷ [プロパティパネル] で [埋め込み] を選択して、ライブラリグラフィックからスマートオブジェクトに変換

この要領ですべてのライブラリグラフィックを埋め込みすれば 2·7 、PSDを共有してもリンク切れになりません。ただし、この作業をするとCCライブラリの中のアセットとは関係が切れてしまうことに注意しましょう。

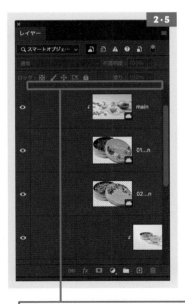

スマートオブジェクトにすると表示された

フィルターに一致するレイヤーがありません。

すべてのライブラリグラフィックを埋め込み完了した状態

ライブラリグラフィックではなくなったので [logo] が消えた

COLUMN　ライブラリグラフィックに戻したいときは？

［レイヤーパネル］でスマートオブジェクトを右クリックして［ライブラリグラフィックに再リンク］をクリックします。［CCライブラリパネル］で該当のアセットを選択して、下の［再リンク］をクリックすると［レイヤーパネル］で雲のアイコンになりました。

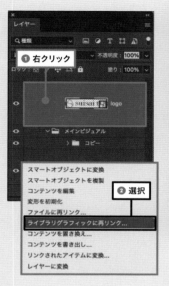

COLUMN　フォントはアウトラインが必要？

Illustratorなどでフォントをアウトラインせずにデザインファイルを共有する際、相手の環境にないフォントを使用していると、フォントが置き換えされて見た目が変わってしまいます。
一方、Photoshopでは、フォントがない状態でも問題なく共有先で開くことができ、画像の書き出しも行えるため、Illustratorのように、見た目を保持するためにアウトラインする必要はありません。
しかし、テキストを編集する際には、フォントの置き換えが発生してしまいます。また、等倍以上で書き出す際も、ぼやけた画像になってしまいます。「テキストの編集はフォントを持っている人が行う」「実際に書き出すサイズで作成する」などの対策が必要です。

STEP 5

画像を書き出そう

10分

動画で確認 　ウェブデザインカンプを作成した後は、HTMLとCSSでコーディングするために、パーツごとに画像を書き出す必要があります。その手順について学びましょう。

1　書き出す画像について考える

PCのデザインカンプから画像を書き出していきます。今回は複数の画像を一度に書き出せる[**画像アセット**]を使います。まずはどの画像をどのファイル形式で書き出すのが適切か、大きく以下の3つに分類します。

	特徴	書き出す素材	形式	備考
A	写真など色数が多いもの	メインビジュアルの写真と商品写真3点	JPG	メインビジュアルの曲線はSVGのマスク、商品写真はCSSで角丸にするため、すべて四角の写真で書き出す
B	写真など色数が多く、後ろが透明で背景色が透けているもの	茶葉の写真3点、パッケージの写真3点	PNG	背景が透過の画像はPNGで書き出す
C	パスでできたもの	背景の曲線、ロゴやボタンの矢印なども「C」にあてはまるが、ロゴはIllustratorからの書き出し、矢印はCSSで実装などを想定しているため、ここでは背景の曲線のみが対象となる	SVG	パスで作られたオブジェクトをSVGで書き出すことで、どの解像度のデバイスでもきれいに表示される

ウェブ上で画像をどのように実装するかによっても書き出す画像は異なります。画像のサイズや形状などを考慮しながら考えましょう

2 書き出すサイズについて考える

ウェブデザインのパーツの書き出しで重要となるのが、書き出しのサイズ（縦横のpx）です。スマートフォンからタブレット、パソコンまで、さまざまなデバイスで閲覧されることを考えて、十分なサイズ、かつ重くなりすぎないよう注意して決める必要があります。今回は［PC］のアートボードから画像を書き出しますが、スマートフォンでの表示にも問題のない大きさかどうかを考えながらサイズを決めましょう。

COLUMN　スマートフォン用の書き出しを考える

昨今のスマートフォンはディスプレイがとても高密度なため、特典で作成した横幅375pxのデザインをそのまま書き出して表示すると、ぼやけて見えてしまいます。
Aはそのままのサイズで書き出してスマートフォンで表示したもの、**B**は縦横2倍の大きさで書き出して表示したものです。

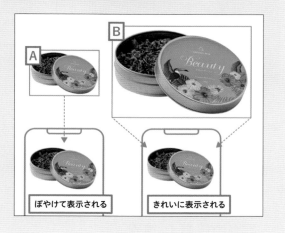

3 書き出しの準備をする（レイヤー名を変更する）

［**画像アセット**］は、書き出したいレイヤーに、ファイル名と書き出したいファイルタイプの拡張子の名前をつけて保存すると、自動でファイルが生成される機能です。1つのPSDから複数の画像ファイルを書き出すときに便利です。書き出しのため、一部マスクを解除するなどの表示上の変更が必要になるため、書き出し前に、PSDデータはバックアップをとっておきましょう。

メインビジュアルの書き出し準備

四角い画像で書き出したいので、［**main**］レイヤーを選択した状態で、パネルメニューから［**クリッピングマスクを解除**］を選択し　**3·1**　、JPGファイルとして書き出します。

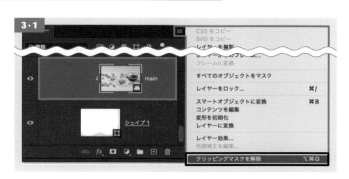

［**レイヤーパネル**］で、［**main**］の名前部分をダブルクリックして、［**2000x? main.jpg80%**］と名前を変更します　3・2　。これは「幅は2000px指定、高さはなりゆきで」「名前はmain」「ファイルタイプはjpg」「画質は80%」という意味です。このように書き出したい設定をファイル名の前後で指定できます。

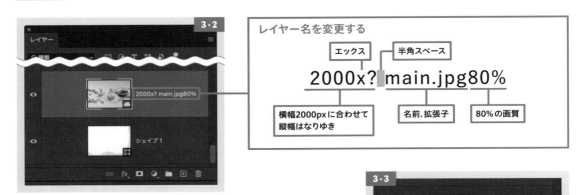

［**main**］をマスクしていたシェイプは、CSSで写真をマスクするためのSVG画像として書き出します。アートボードからはみ出た部分は書き出しに含まれません。このまま［**レイヤーパネル**］でレイヤー名を［**main.svg**］に変更します　3・3　。

商品写真の書き出し準備

PC版の茶葉の写真の一部は、左右反転して配置しているため、書き出す前に反転を戻します（コーディング時にCSSで反転表示させる想定のため）。［**レイヤーパネル**］で［**01-kirei-leaf**］と［**03-oyasumi-leaf**］レイヤーを選択し　3・4　、［**編集**］メニューから［**変形**］→［**水平方向に反転**］します　3・5　。

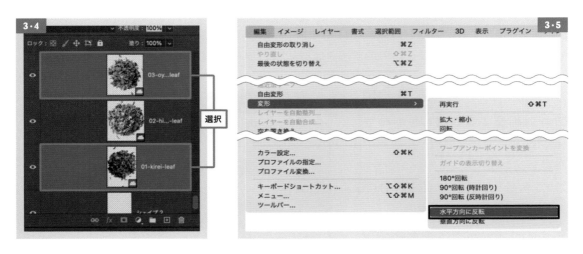

茶葉のレイヤーの元々のレイヤー名をそのまま活かした状態で、前後に拡張子とサイズ指定を追加します。サイズを2倍サイズで書き出すため、レイヤー名の前に[**200%**]、レイヤー名の後に[**.png**]を追加します 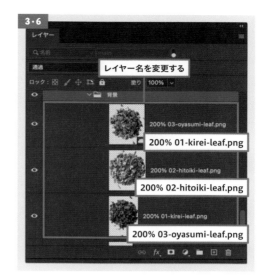 。

アートボードから画像がはみ出していると、そこでトリミングされて書き出されてしまうため、[**移動ツール**]で茶葉の写真の全形が見えるようにアートボード内に移動しておきます。このとき他の要素に表示が被っても問題ありません **3・7** 。

お茶の写真の角丸はCSSで実装するので、「商品写真」のクリッピングマスクレイヤーを選択し、[**プロパティパネル**]で[**角丸:0**]と入力して角丸を解除した状態で書き出します **3・8** 。これを「02」「03」フォルダでも繰り返します。

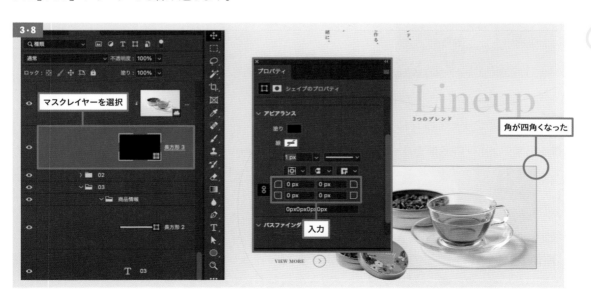

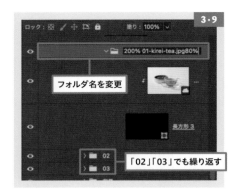

クリッピングマスクの場合は、マスクレイヤーと画像レイヤーと複数のレイヤーで構成されているため、複数のレイヤーをまとめたフォルダを作成し、フォルダに名前と拡張子を書いて書き出します。今回は「商品写真」というフォルダにまとめてあるので、このフォルダを[**200% 01-kirei-tea.jpg80%**]（200%に拡大してJPGで80%の画質で書き出す）と変更します **3・9** 。

パッケージの写真も同様に200%のPNGで準備します **3・10** 。

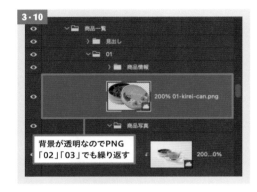

背景とフッターの書き出し準備

背景の曲線をSVGで書き出します。レイヤー名を[**line.svg**]と入力します。フッター部分も曲線の背景のみ書き出します。レイヤー名を[**footer.svg**]と入力します **3・11** 。

4　画像アセットをオンにする

書き出すファイルの名前をすべて変更したら、[**command**]（[Ctrl]）+[**S**]キーでファイルを保存しておきます。[**ファイル**]メニューから[**生成**]→[**画像アセット**]を選択して、チェックが入った状態にします **4・1** 。デザインデータのPSDを保存しているフォルダを確認してみましょう。先ほどまでなかった[（ファイル名）-**assets**]というフォルダが自動で生成され、中には名前を変更したレイヤーが指定したファイルタイプで書き出されています **4・2** 。

[**画像アセット**]にチェックを入れている間は、拡張子が入っているレイヤーを自動生成してくれます。追加したいときや、修正したいときもレイヤーの名前を変更してPSDを保存だけでOKです。

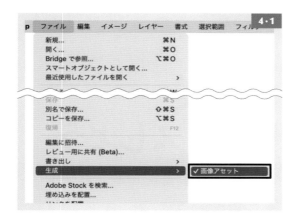

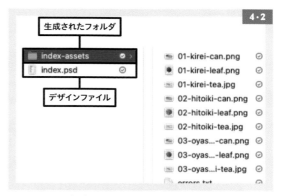

フォルダを確認すると、フォルダが自動生成されている

TIPS

書き出しのエラー時には、「error.txt」というファイルが生成されます。スペルミスやスペースの開け忘れな
どがないか、再度［レイヤーパネル］を確認しましょう。

COLUMN　スマートオブジェクト（ライブラリグラフィック）と書き出し

スマートオブジェクトやCCライブラリを使用するメリットの1つが、等倍以上の書き出しです。
今回のようにデザインカンプのサイズの「200%」など、大きなサイズで画像を書き出す際、
通常レイヤーでは無理やり引き伸ばす形になり画質が粗くなってしまいます。一方、スマー
トオブジェクトやライブラリグラフィックの場合、元の画像サイズが保持されているため、元
のファイルの大きさを超えない限り画質の心配をする必要がありません。

ただし、上記が有効なのは、スマートオブジェクト（ライブラリグラフィック）の中身がPSD
またはPSBであるときのみです。中身がJPGやPNGなどの場合は、たとえ元データが大き
くても、無理やり引き伸ばした書き出しになってしまい、画像が荒れてしまいます。

スマートオブジェクト（ライブラリグラフィック）の中身をPSD、またはPSBにするには、JPG
やPNGの画像は一度Photoshopで開き、その後［スマートオブジェクトに変換］、または
CCライブラリに登録します。

STEP 6

アクションとバッチを
使って画像をリサイズしよう

動画で確認　アクションは Photoshop で行う作業を登録して、簡単に呼び出せる機能です。バッチ処理を追加して、単純作業を自動で行う方法を学びましょう。

■ アクションとバッチ処理とは

例えば「ウェブサイトに掲載する写真を50枚リサイズする」など、同じ作業を繰り返す場合、1枚ずつ手作業で行っていては膨大な時間がかかります。このような際に役立つのが、Photoshop で行う作業を登録して簡単に呼び出せる、アクションとバッチ処理です。リサイズなどの単純作業はアシスタントが行うことも多いため、初心者のうちに知っておくと非常に便利な機能です。

1　画像をリサイズするアクションを作る

PSD をリサイズして JPG で保存するアクションを作成します。「01-kirei-can.psd」を Photoshop で開き、[**ウィンドウ**]メニューから[**アクション**]を選択してパネルを開いておきます。[**アクションパネル**]下の[+]を押して新規アクションを作成し **1·1** 、ダイアログに任意の名前をつけて[**記録**]をクリックします **1·2** **1·3** 。これで新しいアクションが追加されました。

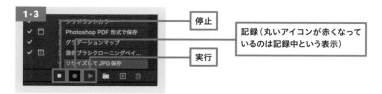

「繰り返したい作業」を一通り作業して記録します  1・4 。画像解像度を「1000px」に変更します（画像解像度の変更は95ページを参照）。カンバスに戻ると、画像がリサイズされ、［**アクションパネル**］で作成したアクションに、［**画像解像度**］という今の作業の記録が追加されました 1・5 。

今の作業が記録された

ファイルをそのままJPGで保存します。［**ファイル**］メニューから［**別名で保存**］を選択し、［**コンピューターに保存**］を選択します。［**別名を保存**］設定ウィンドウで［**新規フォルダ**］を作成し、［**書き出し**］という名前をつけます。［**フォーマット：JPEG**］にして［**保存**］をクリックします 1・6 。
［**JPEGオプション**］はそのまま［**OK**］をクリックします 1・7 。

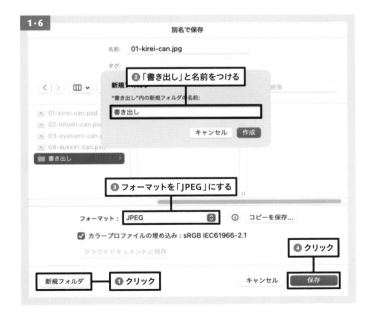

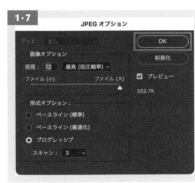

クリックして記録を終了する

作業が記録された

カンバスに戻ると、［**アクションパネル**］で作成したアクションに、［**保存**］という今の作業の記録が追加されました。［**アクションパネル**］下の四角のアイコンをクリックして記録を終了します 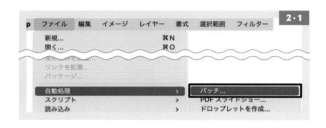。これで登録したアクションを実行すると、記録した一連の流れを適用してくれる状態になりました。

2 バッチ処理をする

作成したアクションを自動で繰り返すためにバッチ処理をします。［**ファイル**］メニューから［**自動処理**］→［**バッチ...**］を選択し 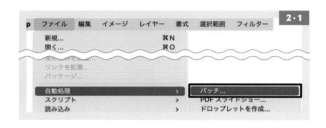、設定ウィンドウが開いたら［**アクション**］で作成したアクションを選択します。

左側では［**どこにあるファイルを処理するか**］という、オプションが設定できます。 **2·2** ❶をクリックして、処理したいPSDファイルが入っているフォルダを指定します。右側の設定は、［**アクションを実行した後**］のファイル名が設定できます。［**実行後：フォルダ**］を選択して、 **2·2** ❷は **1·6** で作成した［**書き出し**］フォルダを選択します。ファイル名はデフォルトのままでOKです。設定が終わったら［**OK**］をクリックしてバッチ処理を実行します。

フォルダを確認し、 **2·3** **2·4** のようになっていたらOKです。Photoshopを開いたままバッチ処理を実行し、その間、別の作業を進めて作業を効率化させましょう。

元のPSD　　バッチ処理されたJPG

STEP **7**

（10分）

印刷用のデータに変換しよう

動画で確認

印刷物で使用する写真のデータは、解像度やカラーモードを印刷用に変更する必要があります。その手順を学びましょう。

■ 印刷用のデータ作りで知っておきたいこと

印刷物のフルカラー印刷は、CMYK（シアン・マゼンダ・イエロー・ブラック）の4色でできています。といっても、4色のインクを混ぜて作る訳ではありません。フルカラーの印刷物をルーペで覗いてみると、多彩な色はどれもCMYKの濃度を表現する網点（あみてん）の掛け合わせで表現されていることがわかります。 RGBでは、この4色の掛け合わせを指定できないため、印刷物のデータを作る際には、カラーモードをCMYKに変換する必要があります。

COLUMN　RGBの写真をCMYKに変換するタイミング

写真の補正やデザイン制作中は「RGB」で作業し、完成した段階で「CMYK」に変換するのがおすすめです。その際、RGBデータのバックアップは取っておきましょう。

印刷物の解像度はどれだけ必要?

印刷用のデータは、モニタで見るデータより高い解像度が必要となります。必要な解像度は、印刷の種類によっても違うため、使用する予定の印刷所のウェブサイトなどで事前に確認しておきましょう。今回は「350ppi」の解像度が必要なことを想定して進めます。

カラープロファイルとは?

CMYKに変換するときに、「カラープロファイル」を選ぶ必要があります。カラープロファイルとは、RGBやCMYKの「色空間」を示すもので、モニタやプリンタなど、さまざまな機器で「同じ色」を表現するための「色の地図」のようなものです。

例えば青と言っても、多くの色が存在するため、どの青を指しているかわかりません。カラープロファイルを埋め込んだデータならば、「どの色空間」の「どんな青」を指しているのかがわかるようになります。

今回はよく用いられる「Japan Color 2001 Coated」を使用する想定で印刷用データを作成します。

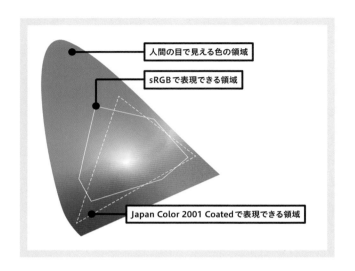

人間の目で見える色の領域

sRGBで表現できる領域

Japan Color 2001 Coatedで表現できる領域

どの青のことか明確にわかる！

Japan Color 2001 Coatedの色空間で
シアン90％マゼンタ40％の色にして欲しい

1 レイヤーを結合する

課題ファイルを開き、[**レイヤーパネル**]の構成を確認します **1·1** 。スマートフィルターがかかっていたり、調整レイヤーなどがある場合、このままCMYKに変換してしまうと、色が変わってしまうなど意図しない結果になることがあるため、レイヤーを1つに結合します。

[**レイヤーパネル**]のパネルメニューから[**画像を統合**]を選択します。これで3つあったレイヤーが1つの[**背景**]レイヤーに結合されました。

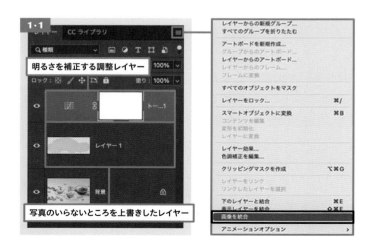

明るさを補正する調整レイヤー

写真のいらないところを上書きしたレイヤー

2 画像解像度を変更する

画像を印刷したいサイズに変更します。[**イメージ**]メニューから[**画像解像度**]をクリックし、[**再サンプル**]のチェックを外すと、幅と高さの単位が[**cm**]に変わります。[**解像度**]を[**72ppi**]から[**350ppi**]に変更すると、幅と高さのサイズが小さくなりました **2・1** **2・2** 。

この画像は、350ppiのとき、[**幅：36.29cm**][**高さ：24.19cm**]の大きさになることがわかりました。

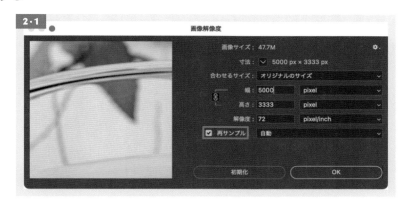

次にサイズを変更します。今回は幅21cmで印刷すると想定して進めます。[**再サンプル**]にチェックを入れて[**幅：21cm**]と入力して[**OK**]をクリックします **2・3** 。

TIPS

[72ppi]や[350ppi]とは、縦横1インチの四角の中にピクセルがいくつ入るかという設定です。[72ppi]に比べ[350ppi]はとても密度が高いので、プリントできるサイズは小さくなります。

3 CMYKに変換する

CMYKに変換するには①[**イメージ**]メニューの[**モード**]から[**CMYK**]を選択する方法 **3·1** と、②[**編集**]メニューから[**プロファイルの変換**]で行う方法があります。今回は②の方法を説明します。[**編集**]メニューから[**プロファイルの変換**]をクリックします **3·2** 。

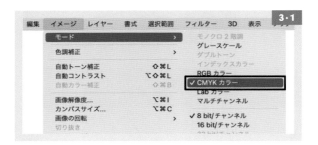

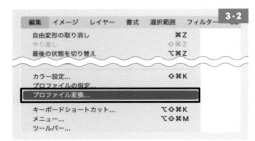

ダイアログが開いたら[**プロファイル**]を[**Japan Color 2001 Corted**]に変更します **3·3** 。[**マッチング方法**]は4種類あり、写真の色味によっては、デフォルトの[**知覚的**]以外を選択した方が向いていることもあります。設定を終えたら[**OK**]をクリックします。

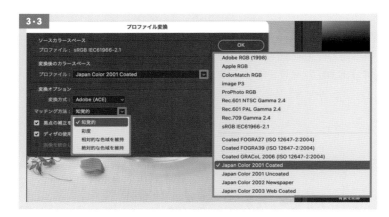

これで解像度とカラープロファイルの変換が終了しました。[**command**]([Ctrl])+[**S**]キーで保存して終了します **3·4** 。

COLUMN　データは必ずバックアップを取ろう

［レイヤーを統合］［解像度とサイズを変更］［RGBからCMYKに変更］など、大きな変更を行うときは、必ずバックアップを取っておきましょう。 また、［もう少し色味を調整して欲しい］など、変更があった場合には、CMYKのデータではなく、RGBの元データを調整し、再度同じ工程で印刷用のデータを作成します。

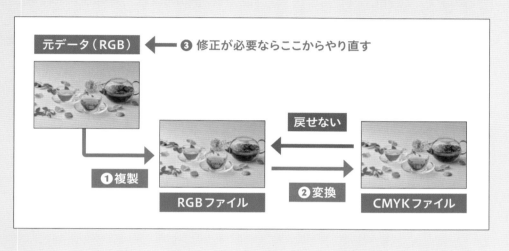

LEVEL 5

STEP 8

INTERVIEW

素材の写真を撮影する

今回の作例の中で、LEVEL 5で使用している「suisai tea」の写真は、架空のブランドを想定したハーブティーのパッケージを制作し、プロのカメラマンさんと撮影を行いました。デザイナーとして撮影をお願いする場合、どんなことに気をつけるべきか、撮影を行なってくださった大阪の「久岡写真事務所」の久岡さんにお話を伺いました。

撮影までに用意しておくとよいものはありますか?

「ラフデザイン(ウェブの場合はワイヤーフレームなど)」と「撮影リスト」です。

まず、ラフデザインやワイヤーフレームは、写真の配置やトリミング比率がわかるもので構いません。例えば、ウェブサイトのヘッダーに使用する横長の写真の場合、トリミング比率が決まっていないと複数パターンを想定して撮影しなければいけません。時間がかかるだけでなく、写真に合わせたデザインにせざるを得なくなる可能性もあるため、あらかじめ決めておくことをお勧めします。

次に、撮影リストとは、撮影しなければいけない商品、人物、場所などの一覧です。事前にまとめておくことで、撮影をスムーズに進めることができます。

いいカメラマンさんと出会う方法はありますか?

ウェブ検索だけでなく、地域のクリエイター支援団体などに問い合わせる方法もあります。急を要する場合でなければ、カメラマンに発注したことがある人に相談しておくのがいいと思います。事前に関係性を築いておくことで、撮影時のコミュニケーションがとりやすくなります。

いずれにしても、撮影してもらいたい写真のイメージに近いかどうかをウェブサイトやSNSの撮影実績で確認しておきましょう。

撮影の見積りが通るように、クライアントさんに提案するときの工夫はありますか？

見積もりが通りやすいかどうかはわかりませんが、私の場合、費用に含まれる作業内容や理由をきちんと説明するように心がけています。予算が決まっていれば、それに合わせて撮影内容や時間を提案することもあります。

納品後の写真に手を入れるのは、あまりよくない行為でしょうか？

写真データは、自由に加工していただいてよいと思っています。
ただし、明るさや色の調整は、カメラマンに相談したほうがいい場合もあります。RAW現像で調整したほうが、画像の劣化が少ないからです。
納品後の写真の処理を減らしていただくためには、撮影前に、画像サイズやカラープロファイルなど納品データをご指定いただくことをお勧めします。

カメラマンさんにはどの段階で相談すればいいですか？

おおよその撮影内容が決まった段階でご相談いただくのが理想です。撮影内容によっては、事前打ち合わせやロケハン、アシスタントやスタイリストの手配が必要なケースがあります。

お見積もりに必要な情報は何ですか？

「写真の用途」と「撮影内容」は必ずお伺いしています。
例えば、コーポレートサイト用の撮影とECサイト用の商品撮影では、撮影内容や費用の見積もりが異なります。
また、「撮影場所」も事前に確認しています。特に2か所以上の住所で撮影する場合、移動時間を計算してスケジュールや見積もりに反映しています。

気持ちよく
仕事ができるよう
事前にしっかり
確認しよう

索引

AUTHOR

角田 綾佳 すみだ あやか（すぴかあやか）

Twitter @spicagraph

株式会社キテレツ デザイナー・イラストレーター
1981年大阪生まれ。ウェブデザイナーとして制作会社でのア
ルバイトや社員を経て、2006年からフリーランスとして活動、
2017年から株式会社キテレツに加入。最近ではDTPデザイ
ン・イラストレーションも手がける。イラストを取り入れたデザ
イン・ロゴやLPデザインなどを得意としている。
ブログ（デザイナーのイラストノート）や、Twitterで、デザイン
の考えや日々の気づきをSNSなどで発信している。

SPECIAL THANKS

写真撮影・提供

P.218〜235
ピヨカメラ　やまぐち千予
https://piyocamera.com/
ケーキ提供：サント・アン

P.168〜172（湯気の写真）
P.238〜289
久岡写真事務所　久岡 健一
https://hpo-tres.jp/

その他の写真素材は、以下2サイトの素材を使用しました。
Unsplash（https://unsplash.com/ja/）
Pexels（https://www.pexels.com/ja-jp/）

協力
株式会社スイッチ　鷹野 雅弘

STAFF

ブックデザイン：岩本 美奈子
カバー・本文イラスト：docco
DTP：AP_Planning
編集担当：古田 由香里

すいすいPhotoshopレッスン
1日少しずつはじめてプロの技術を身に付ける!

2023年4月25日　初版第1刷発行

　　　　　著者　角田 綾佳
　　　　発行者　角竹 輝紀
　　　　発行所　株式会社 マイナビ出版
　　　　　　　　〒101-0003　東京都千代田区一ツ橋2-6-3　一ツ橋ビル 2F
　　　　　　　　TEL：0480-38-6872（注文専用ダイヤル）
　　　　　　　　TEL：03-3556-2731（販売）
　　　　　　　　TEL：03-3556-2736（編集）
　　　　　　　　編集問い合わせ先：pc-books@mynavi.jp
　　　　　　　　URL：https://book.mynavi.jp
　　印刷・製本　シナノ印刷株式会社